U0340972

中国碳中和
50人论坛
CHINA CARBON
NEUTRALITY
FORUM

中国碳中和50人论坛文集 2021

2021

主编 杜祥琬 王金南 白重恩

中国经济出版社
CHINA ECONOMIC PUBLISHING HOUSE
北京

图书在版编目（CIP）数据

中国碳中和 50 人论坛文集 . 2021 ／杜祥琬，王金南，
白重恩主编 . -- 北京：中国经济出版社，2021.12（2022.7重印）

ISBN 978-7-5136-6581-0

Ⅰ . ①中… Ⅱ . ①杜… ②王… ③白… Ⅲ . ①二氧化
碳 - 排污交易 - 文集 - 中国 -2021 Ⅳ . ① X511-53

中国版本图书馆 CIP 数据核字（2021）第 165056 号

责任编辑　张梦初
责任印制　巢新强
封面设计　任燕飞

出版发行　中国经济出版社
印 刷 者　北京建宏印刷有限公司
经 销 者　各地新华书店
开　　本　710mm×1000mm　1/16
印　　张　20
字　　数　240 千字
版　　次　2021 年 12 月第 1 版
印　　次　2022 年 7 月第 2 次
定　　价　98.00 元

广告经营许可证　京西工商广字第 8179 号

中国经济出版社 网址 www.economyph.com 社址 北京市东城区安定门外大街 58 号 邮编 100011
本版图书如存在印装质量问题，请与本社销售中心联系调换（联系电话：010-57512564）

编委会名单

主编：

    杜祥琬   王金南   白重恩

编委：（按音序排列）

    曹 静   崔磊磊   刘晶文   毛增余   王稚晟   俞振华

    臧宏宽   曾少军   张 立

应对气候变化，促进人与自然和谐共生——全球变暖 碳是"元凶"

秦大河 中国科学院院士

奥斯陆比格迪半岛上，挪威功勋卓著的探险木帆船弗拉姆号静静停泊在弗拉姆博物馆里。20世纪初，挪威最具传奇色彩的极地探险家阿蒙森驾驶着它，从北极掉头南下，于1911年12月14日抵达南极点，在与英国海军军官、极地探险家斯科特的竞争中拔得头筹，成为首位到达南极点的探险家。

这是被人类认识的最后一块大陆。此后，一批批探险家与科学家为掀开它神秘的面纱而前赴后继。在这里，冰层的细节记录了地球气候的变化与温度的冷暖走势。

其实，见证变化且发生变化的，不只地球两极的冰川。因为气候变化是指气候系统变化，包括大气圈、水圈、岩石圈、生物圈、冰冻圈等五个圈层的变化。所以，全球气候变暖并不仅仅是指温度升高，高山上的冰川退缩、南北极的冰盖加速融化、海冰覆盖的范围减少、生物多样性减少、海平面上升等，都是全球变暖的定量指标。

我们回顾18世纪中叶以来的气候变化特征可以发现，全球变暖与人类活动有很大关系，其中，碳是"元凶"。1750年人类工业化以来，特别是1950年加速发展以来，全球大气中的二氧化碳浓度急剧增加，从工业化之前到现在，已经增长了43%左右。正是大量化石能源的使用，造成了大气中二氧化碳浓度的不断攀升，全球正经历着一场以变暖为主要特征的气候变化。

进入21世纪，全球气候变暖加剧，地表温度升高，海平面上升，冰川退缩，伴随而来的是海岸侵蚀、海洋酸化、水循环紊乱、生物多样性减少、气候事件频发。这些都严重地影响着人类赖以生存的自然环境和经济社会的可持续发展。

人类活动是造成气候变暖的主要原因，温室气体排放造成全球气候变暖加速。如果不管控温室气体排放，全球气候将进一步变暖，进而导致地球系统丧失恢复力，进入"热室地球"这一不稳定状态，使全球自然生态系统和人类社会面临的气候风险加剧，甚至面临灭顶之灾。

随着全球气候变化带来的威胁和压力越来越大，在全球经济形势不确定性增加的背景下，如何应对全球气候变化变得越来越复杂。联合国政府间气候变化专门委员会（IPCC）于2018年10月8日发布的《全球1.5℃增暖特别报告》指出，相比工业化前，2017年全球温升已经超过1℃，如果继续维持当前的温升速率，全球地表平均气温的上升将在2030—2052年超过1.5℃。

相比全球温升1.5℃，全球温升2℃将产生更加严重的影响，高温热浪的影响人数将增长1.6倍，北冰洋夏季无冰事件将从百年一遇变为十年一遇；21世纪末全球海平面上升幅度将平均多增加0.1米，受海平面上升威胁的人口将增加近1000万；对生物多样性和生态系统的影响也更为严重，海洋渔业损失量将翻倍。全球温升1.5℃，由气候因素决定地理范围的物种中将损失6%的昆虫、8%的植物、4%的脊椎动物，而全球温升2℃将会损失18%的昆虫、16%的植物、8%的脊椎动物……

全球温升无论是2℃还是1.5℃，维持地球系统稳定性和恢复力的生物物理过程和系统都需要有新的边界条件，以确保支撑地球生命的淡水、食物、海洋、能源、生物多样性和城市等主要要素的安全、可控。

因此，气候变化的影响是全方位、多尺度和多层次的，给自然生态环境和人类经济社会带来的影响和风险是全方位、多方面的，会引发食物和水的短缺、贫困、洪灾、物种灭绝、暴力冲突等问题，危及人类社会的未来生存与发展。这也成为当前国际社会政治、经济和外交中的突出问题。

面对经济发展的压力和资源环境的影响，我们该如何适应和减缓气候变化？

2010年至2019年是全球有气象记录以来最热的10年，采取及时、积极、协调和持久的行动是有效应对气候变化的关键所在。针对气候变化带来的深远影响和潜在风险，亟须减少温室气体排放，采用低碳和清洁能源，增加碳汇并改变生活和行为方式等，进一步促进地球可持续发展。

要遏制逐渐失控的全球变暖，实现21世纪末将全球温升控制在工业化之前的2℃以内、努力将温升幅度限制在1.5℃的目标，需全球共同努力，在可持续发展框架下团结合作，坚持走绿色低碳发展道路，共建清洁美丽的地球家园，推动构建人类命运共同体。

我们看到，在应对气候变化的形势下，全世界范围内正经历一场经济和社会发展方式的变革，它的核心内容是发展低碳能源技术，转变经济发展方式，建立低碳经济发展模式和低碳社会消费模式，并将其作为协调经济发展和保护气候之间的关系的根本途径。低碳经济、低碳技术、低碳发展、低碳生活方式、低碳社会、低碳城市等新概念、新政策应运而生。

当前中国正处于工业化的发展阶段，面临着生产力水平总体还不够高、产业结构还不够合理、城乡区域发展不平衡、长期形成的粗放式增长方式还没有完全改变、经济社会发展环境的承载能力不足等矛盾。

在这种形势下，我们能做的、应该做的，就是要摒弃传统的经济增长模式，直接运用新技术和创新的机制，通过创新低碳经济与低碳生活方式实现社会可持续发展。

面对全球环境治理前所未有的挑战，中国已将生态文明理念和生态文明建设纳入中国特色社会主义总体布局，坚持走生态优先、绿色低碳的发展道路。2020年，中国宣布力争2030年前实现碳达峰、2060年前实现碳中和；习近平主席在气候雄心峰会上也指出，在气候变化挑战面前，人类命运与共，单边主义没有出路，并承诺将以新发展理念为引领，在推动高质量发展中促进经济社会发展全面绿色转型，为全球应对气候变化做出更大贡献。

随着由生态环保界、经济金融界、实业科技界领军人物组成"中国碳中和50人论坛"，中国已经开始了"碳达峰、碳中和"行动方案的落实。从政府的担当，到全社会的通力合作，都以解决问题为导向。

通过《"推动中国全面绿色转型"北京宣言》可以看出，中国各界力量力争抓住"2030碳达峰，2060碳中和"两个绿色低碳产业发展的机遇期，贯彻新发展理念，以经济社会发展全面绿色转型为引领，在产业结构转型升级、全国碳市场上线交易等相关工作中，贡献智慧与力量。

生活在北极圈的爱斯基摩人的祖先留下过这样一张图：一个手掌，手心有个窟窿。意思是说，打猎时要手下留情。简单的图案却蕴含着深刻的哲理：活着不是掠夺的借口，只有珍惜，人与自然才能和谐相处。现在，让我们停止破坏与"超载"，为建设一个和谐的地球而一起努力！

目　录

热点与专题

政策与建议

热点与专题

碳达峰不是冲高峰，
国内可再生能源利用率不足

杜祥琬

中国碳中和 50 人论坛主席

中国工程院院士

国家气候变化专家委员会名誉主任

应用核物理、强激光技术和能源战略专家

中国工程院原副院长

国家能源咨询专家委员会副主任

中国工程物理研究院研究员

博士生导师

中国提出的"双碳"目标拉开了广泛而深刻的经济社会变革的大幕。

近日，中国碳中和50人论坛成员、中国工程院院士、国家气候变化专家委员会名誉主任杜祥琬指出，"双碳"目标的提出，是中国为应对气候变化向全球做出的庄严承诺，也是中国推动经济转型升级的内在需要。

杜祥琬认为，中国碳达峰的基本路径是，通过降低碳排放强度来实现碳排放总量达峰。这一方面要降低能源强度，另一方面要调整产业结构与能源结构。

防止地方发展高耗能产业冲动

问：如何看待中国提出的"双碳"目标，其实现难度如何？

杜祥琬："双碳"目标的提出，是中国为应对气候变化向全球做出的庄严承诺，也是中国推动经济转型升级的内在需要。

从全球看，发达国家大都承诺了2050年甚至更早的碳中和时间。根据"共同但有区别"的原则，我们确定了2060年碳中和的目标，但实现这一目标仍需要付出非凡的努力。

首先，从发展阶段上看，发达国家大都完成了工业化，中国仍是发展中国家，尚未完成工业化。其次，发达国家从碳达峰到碳中和，短的有45年，长的有70年，而中国只有30年时间。最后，当前中国经济产业偏重、能源偏煤、效率偏低，多年来形成的高碳路径依赖存在较大的惯性。

事实上，调整经济、能源结构，提升效率与整个中国经济转型升级的方向是高度一致的。党的十八大以来，中国提出绿色发展、循环发展、低碳发展，生态文明建设上升为国家战略，2014年中国提出能源革命，这些与2020年提出的"双碳"目标都是一脉相承的。

问：不同于很多发达国家的自然达峰，中国先行提出了碳达峰的目标，中国碳达峰过程会有哪些不同？

杜祥琬：中国碳达峰的基本路径是，通过降低碳排放强度来实现碳排放总量达峰。这一方面要降低能源强度，另一方面要调整产业结构与能源结构。

能源强度上，近十年来，中国每单位GDP所使用的能源从世界平均水平的2倍缩小到1.3倍左右，如果进一步缩小到1倍，中国同等规模GDP耗费的能源就可以再减少30%。现在全国一年能源消费总量约为50亿吨标准煤，达到世界平均水平就意味着同等GDP可以少用十几亿吨标准煤。

产业结构上，当前最大的问题是高耗能产业比重过高，中国的钢铁水泥产能占了全球一半以上，前些年开始，这些行业大都出现了产能过剩的迹象。如果这些高耗能行业不再新增产能，单位产值能耗也逐步下降，实现碳达峰是可能的。比如，最近宝武钢铁提出要到2023年实现碳达峰，实际上中国已提出2021年的粗钢产量要实现同比下降，而吨钢煤耗哪怕只下降一点，就可以实现碳达峰了。

能源结构上，现在非化石能源占一次能源的比重为15.9%，2025年大约能到20%，2030年的目标是达到25%。随着能源结构的持续优化，实现碳达峰也是可能的。

问：您最近提出碳达峰不是冲高峰，能否介绍下为何会有这种顾虑？

杜祥琬：我们绝不能把碳达峰理解成为"现在尽量用得高一点"，尤其要防止一些地方借碳达峰来攀高峰、冲高峰，关键是要防止地方发展高耗能产业的冲动。

解决这一问题，要把"2030碳达峰"目标与其他目标结合起来。中国提出，到2030年二氧化碳排放强度要比2005年下降65%，将两者统一起来理解可以发现，中国碳达峰的峰值范围在105亿~110亿吨二氧化碳，而绝不是在2030年前通过冲高峰"争取更大的空间"。

同时，碳达峰也不是要通过压减中国的发展空间来实现，这一点也很重要。

问：中国是全球第一制造业大国，也是能源消费大国，"双碳"目标是否会影响中国经济的增长？如何平衡减排与经济发展之间的关系？减排是否会影响能源安全？

杜祥琬：中国提出"双碳"目标的出发点是为了高质量发展，而不是压发展。中国推动低碳转型和高质量发展、保障能源安全是并行不悖的，而且其方向是一致的。

能源方面，中国的碳中和进程充分考虑了满足一定幅度增长的需要，"十四五"时期，中国能源消费总量年均复合增速可能会达到2%。不过从发达国家经历看，发展到一定程度后，能源增长率趋于减缓是一个普遍现象。

同时，中国提出，"十四五"时期要严格控制化石能源消耗量，"十五五"时期逐步推动化石能源的替代，这个提法是很有分寸的。

相较传统的油气能源，中国的可再生能源是可以自己掌控的，它不受制于国际地缘政治形势的变化，随着后者比重的上升，中国的能源安全和独立性是在不断加强的。

可再生能源利用率不足1/10

问：中国的能源供给结构存在"多煤、缺油、少气"的问题，"双碳"目标意味着这种结构将发生怎样的改变？

杜祥琬：这个说法本身是有问题的，它只看到了化石能源，我们还有丰富的可再生能源，后者不仅储量巨大，而且成本正在快速下降，现在必须重新认识我国的能源禀赋情况。

目前，中国已经开发的风能、太阳能均不到技术可开发量的1/10，还有9/10的巨大潜力。技术可开发资源量已经除去了各种因地理的、社会的原因不便开发的那部分资源。如果再加上可观的生物质能、地热能、海洋能、固废能源化等，我国可再生能源的资源量是非常丰富的。

问：目前可再生能源的利用率不到技术可开发量的1/10，其原因是什么？

杜祥琬：应当说，技术和成本并不是最主要的问题，最重要的是观念、政策与执行的问题。

我接触的东部一些地方的人经常说，当地没有能源，电力负荷很重，但事实上当地海上风电、分布式光伏的资源是非常丰富的，对他们而言，最关键的是要扭转资源禀赋的观念。

一个积极的现象是，观念的改变与政策的推动正在加速。"风往高处走，光往屋顶走"，可再生能源开发技术正在逐渐成熟，并得到市场的认可。

我最近在浙江看到一个公司仅其一家就安装了40万户屋顶光伏。中国的建筑面积大概是650亿平方米，其中可以用的大概是200多亿平方米，哪怕一半能装上光伏，就能带来15亿千瓦的电力，而现在风、光加在一起才5亿千瓦。

不光是房顶，还有高速公路、铁路、桥梁等，它们的面积可能数倍于屋顶，现在都没有被利用起来，如果有国家政策的推动，比如搞一个BIPV（光伏建筑一体化）工程，其开发潜力是巨大的。

问：相对于传统煤电，这类可再生能源发电的成本与经济性如何？

杜祥琬：前些年成本高一点，因此市场接受度不高。但是，近年来可再生能源的成本快速下降，现在已经基本实现平价，而且成本还在进一步下降。

目前主要是海上风电贵一点，这是因为其工程量较大，难度较高，但是海上风电的年运行小时数可达4000小时以上，可以提供稳定的输出。

问：在过去十年间，可再生能源的发电成本出现了明显下降，而煤电等传统能源的成本却并未下降，其原因是什么？

杜祥琬：主要因素是技术进步，比如说太阳能电池的成本主要来自硅等材料，生产高纯度硅需要成本，但随着材料科学和工艺的不断进步，出现了薄膜电池，需要的硅不断减少，成本就降下来了。另一个因素就是规模化，随着可再生能源产业的形成，规模越大成本越低。

可再生能源在本质上并不只是一种自然资源——当然，自然资源禀赋是前提——更是一种技术进步支撑的开发能力。可再生能源开发量值的大小，与技术开发能力密切相关。

问：此前出现过光伏泡沫等问题，未来是否会再度出现这种情况？如何看待补贴问题？

杜祥琬：现在这些补贴已经慢慢退坡了。在可再生能源发展的一定阶段，补贴是有积极意义的，但最终这些企业还是要靠自己走路，随着市场接受度的提升，产业化、规模化的形成，以及成本的下降，补贴应该逐步退出。

至于泡沫问题，这是新技术成熟曲线上的普遍现象，历史上的光伏泡沫问题主要出现在核心技术和市场上，那个时候中国的太阳能产业"两头在外"，源头技术在外，市场也在外，一旦外部市场出现问题，整个产业都会受到很大的冲击。

但是，现在情况已经发生了改变，历经大浪淘沙，如今我们已经掌握了核心技术，形成了完备的制造体系与产业链，随着国内绿色转型的推进，中国本身的市场需求也不断扩大，国内市场正在成为主体。

能源结构调整重塑区域经济

问：在"双碳"目标推进过程中，可再生能源将扮演怎样的角色？

杜祥琬：在21世纪初，它们的角色是"微不足道"，如今是"举足轻重"，而在不久后将变为"担当大任"。

此前召开的中央财经委员会第九次会议明确提出，构建以新能源为主体的新型电力系统。这意味着中国的电力系统正从以化石能源为主全面转向以新能源为主。

目前新能源发电在电力体系中的比重不足30%，其中风能和光能大概是5亿千瓦的装机量，其发电总量占比大约只有10%。中国形成以新能源为主体的新型电力系统还有一段路要走，但该比重的提升是非常明确的。

问：国内可再生能源发展中弃风、弃光问题现状如何？在提升可再生能源比重过程中，将如何解决这一问题？

杜祥琬：近年来弃风、弃光问题已经得到明显的改善，事实上整个风能、太阳能发电规模并不大，进一步提升消纳能力是完全可以做到的。

但是，风电和光电100%的消纳并不是我们追求的目标，我们的目标是逐步扩大风、光等发电规模，提高可再生能源发电的比重，在此过程中尽可能地减少弃风、弃光现象。

这一方面需要在电源侧大力发展储能技术，将多余的电力储存起来，减少对电网的冲击；另一方面需要推动智能电网改造，增强电网的灵活消纳能力。

问：如何解决可再生能源生产与消费在时间上不匹配的问题？

杜祥琬：可再生能源的生产具有间歇性，不光有日夜间的差别，还有季度性的差别。解决这一问题需要将可再生能源发电和储能、智能电网相结合。

储能是解决供需时间不平衡的主要手段，目前已经形成多条技术路线。在物理储能上，已出现抽水、压缩空气等方式；在化学储能上，通过各类新能源电池可以解决日间的供需不平衡问题，而制氢储能可以调节更长周期的供需波动。

在供给端，我们需要多能源互补协调。现在国内电力占比最大的是煤电，可以推动一部分煤电厂的灵活性改造，实现可再生能源发电的削峰填谷，由于煤电生产是可以自主调控的，可以根据新能源发电的多少进行调节，保证电力的稳定输出。

同时，我们也需要做好需求侧管理，比如一些机器的充电，可以利用数字化管理和市场化手段进行需求端调控。

这件事在技术上问题并不大，在很大程度上是一个政策问题或管理问题，需要进行顶层设计，协调各方行动与利益，同时也需要数字化的管理手段。

问：在碳中和进程中，能源结构的调整将给中国区域经济带来怎样的影响？

杜祥琬：从地域上看，东部地区是能源电力的主要负荷区，我们不能完全依赖西电东送，要推动电从"远方来"和"身边来"相结合。这需要发展分布式的太阳能、风能，配上一些小的储能，形成可以独立运行也可以与电网互动的微网，在本地达到平衡，尽可能减少对电网的依赖。

部分中西部地区在能源结构调整中可能面临一定挑战。比如，在内蒙古、陕西、宁夏能源"金三角"，富余的煤电面临转型。但这些地方除了煤炭丰富之外，也有非常丰富的风能、太阳能，完全可以建立一个比现有装机量多出数倍的可再生能源电力体系，通过"风光氢储"相结合来替代煤电。

中西部地区丰富的可再生能源如何利用？我觉得有两个出路：第一是东部地区确实有需要的时候，通过供需协调，继续推进西电东送；第二是将一些必要的高耗能产业放在西部地区，通过产业的转移，加快中西部地区经济的发展，这一方面可以实现中西部地区可再生能源的自发自用，另一方面也有利于解决中国区域经济发展不平衡的问题。

来源：《21世纪》

作者：夏旭田　缴翼飞

全球新能源竞争抹平资源差异，
中国或迎"华丽转身"

周大地 | 中国碳中和50人论坛成员
国家发展改革委能源所原所长
国家气候变化专家委员会委员

"双碳"目标的提出，意味着中国的能源结构将发生一次彻底洗牌。

近日，中国碳中和50人论坛成员、国家气候变化专家委员会委员、中国能源研究会副理事长周大地指出，化石能源占比过高是全球面临的普遍问题，而全球的低碳化转型将为可再生能源带来前所未有的机遇，后者更多的是一种技术，抹平了各国在自然资源上的差距，未来能源利用的重点将不再是资源争夺，而是技术竞争。

可再生能源成本的快速下降，有望在全球掀起新一轮的高度电气化浪潮。

在新能源领域，中国首次和发达国家站在了同一起跑线上，而历经40年的追赶，中国的制造能力、研发能力、资金投入能力、市场规模早已今非昔比，中国或将迎来一个比过去漂亮得多的"华丽转身"，走到低碳技术的最前沿。

"双碳"目标加速中国经济转型

问：从碳达峰到碳中和，中国只有30年时间，短于大部分发达国家，其实现难度如何？

周大地：全球的低碳化转型是放在所有国家面前的共同挑战。2019年全世界化石能源占一次能源的比重是83.7%。中国和美国的化石能源占比都在80%左右，化石能源占比过高是共同的问题。

目前发达国家社会生活高度依赖油气资源，其人均能源消费高于中国，比如欧盟是4~7吨标准油，而中国是3吨多标准煤，中西方各有各的难处。

对中国而言，难处在于，能源结构中煤炭比重超过一半，效率较低，经济结构偏重；更重要的是，不同于西方国家已完成工业化，经济增速较低，中国尚未完成工业化，经济仍保持着中高速增长，产业都有进一步扩张的冲动。如果没有低碳的约束，经济增长和能源之间有可能保持一个较高的弹性系数。好处在于，中国并不需要爬到欧美发达国家所处的浪费型消费阶段再推动低碳转型，技术的进步也使得中国不会重复西方在低能效状态下形成的巨量的基础设施，比如美国在20世纪五六十年代开始推广空调，而如今美国大部分空调设备都已非常落后。

问：低碳的约束是否会影响经济增长？如何平衡减排与发展之间的关系？

周大地：中国是全球最大的能源生产国，也是全球最大的能源消费国，到现在为止，中国高耗能产业的产量已远超发达国家曾经达到的水平。比如，钢铁累计人均产量冠绝全球，钢铁产量全球占比高达53%，水泥产量全球占比接近60%。如今这些重化工业大都出现过剩现象，其进一步扩张已没有多大空间。

对中国经济而言，产业结构本身也到了一个必须调整的阶段：依靠基础原材料大量投入、大批量制造低附加值产品是不可持续的，这部分市场无论国内还是国外都已进入饱和阶段，中国经济正在摆脱单一的规模导向，更加注重高质量发展。

所以不论有没有减排的约束，中国经济都已经到了转型升级的节点，而全球的低碳转型，或将为这一过程提供新的动力。

问：您此前介绍，目前核准待建的煤电机组达1亿千瓦左右，预计还有1亿千瓦的机组纳入规划，如果上马，煤电总装机将超12亿千瓦，如何看各地新增煤电的冲动？以地方能源集团为主的国企为何成为新的投资主体？

周大地：中国已建成世界上最大的电网，装机总规模已超20亿千瓦，比世界第二（美国）多出了近一倍，欧洲各国大都在1亿千瓦左右，而国内很多地方觉得新增一两亿千瓦只是增长了10%，是正常的。

建煤电厂的冲动是多种因素造成的，要说服各地并不容易：第一，现在电力市场的增长依旧很快，各地都有较高的电力需求，火电是满足这些需求的主要手段。第二，不少地方将用电看作经济的"晴雨表"，不管结构与效率如何，只要用电量放缓就会担心是不是经济出问题了。第三，不同于其他商品可以差异化竞争，电力是通用产品，无好坏之分，各地都有争夺电力市场份额的冲动。第四，大型国有电厂建设煤电时，占地等问题更容易解决，工程投资较为集中，而建设分布式的新能源系统则需要处理更多的社会问题，重新组织员工工作流程，加大管理性投入。

事实上，现在很多火电厂是非常矛盾的，一方面，整个火电的负荷率是在下降的，年运行小时数可能都不到4000小时，再新增煤电可能会出现亏损；另一方面，不建火电厂又怕发电量被别人分走，彼此都想把自己的"碗"做大点，希望其他人退出，从而陷入"囚徒困境"。

而且一些地方认为，不管怎样，把电厂建在我这儿，GDP就上来了，投资也有了，发电也不用从外面买了，最后就造成了现在欲罢不能的状态。

不能以用电量来衡量GDP质量

问：为何您认为，不能单纯以用电量来衡量GDP的好坏？怎样看近日的打击比特币挖矿现象？

周大地：前些年，很多电力富余的地方，比如内蒙古、新疆、四川、云南，都巴不得让比特币挖矿留在本地，数百亿度电被用在挖比特币上，这空耗了大量能源，挤压了实体经济的供给，同时滋生了金融市场的大量投机炒作，有百害而无一利，然而曾经很多地方都在鼓励这种做法。

中国最近开始强调节能降耗、提高效用，这是非常必要的。现在必须重新明确的一个理念是，用电量高并不等于经济好，更不意味着经济质量的提高。刺激用电是完全没有必要的。

减少浪费、少用点能源是好事应该是一个常识。而不少地方靠多用能源来使GDP增长，这种消耗型的经济增长只会加重资源负担，降低经济效益与质量。

同时，这也说明中国节能提效的潜力是巨大的，中国工业先进节能技术的普及率不到30%，还有好几亿台的中低压和亚临界机组，投入一部分资金做技术改造，其能效可以提高将近10%，每一度电节约几十克煤。然而由于电厂不怎么赚钱，因此缺少投入技改的动力。解决类似问题，需要在电价、投资机制、企业运行目标等方面推动综合改革。

问：您提到电力系统的绿色化转型不能靠自由市场竞争来解决，原因是什么？市场与政府将分别扮演何种角色？

周大地：现在煤电厂那么多，如果压缩总量又自由竞争的话，必然导致彼此为了生存而恶性竞争，谁都不想主动退出市场，赔钱也要做，造成市场扭曲。

环境经济学最大的一个贡献就是外部性问题的内部化分析。关于环境问题，市场从来不会自己解决。市场在配置资源过程中确实是有效的，但在确定社会发展目标上就是无效的，所以我们要利用市场的机制尽量减少转型的成本，但是不能由市场来决定转型的方向。

中国的绿色转型一定要有一个目标来引导，然后在投资、利润、税收、价格、金融等方面调整市场运行系统，建立完善的市场引导机制。

比如，尽管原料来自国外，但中国大量出口钢铁与成品油，将污染留在了国内，其中一个重要原因在于退税，生产同样的东西卖到国内需要交税，而出口国外却有不菲的退税，一些产品的退税率甚至高于利润率，可以养活国内的亏损企业。如果调整退税机制，就能起到很好的引导作用。

问：能源结构的调整，不可避免地会触动部分地方、部分行业的利益，如何调整、平衡各主体间的利益关系？

周大地：这是一个至少需要30年时间的过程。30年前，中国总的电力装机规模才两三亿千瓦，所以时间可以改变很多事情。

在能源结构调整中，可以做的事情很多，比如分布式发电、智慧电网、充电桩管理等，这些领域都会形成新的、更高级的产业，整个行业会出现一轮重构，一些行业可能面临消失，但也会涌现出更多的机会，而这需要重新学习与开拓。如果守着煤炭，别的什么都不想干，可能就会很难受。

在能源转型上，国内各个地方的压力差别很大，比如此前核电项目大都建在沿海，内陆则以火电为主，因此后者的压力要更大。例如，山西的经济和煤炭直接挂钩，压减煤炭意味着经济会受到较大冲击，完全让他们自己来承担也不现实。过去忙着挖煤，发展的都是大型机械等技术，虽然现在扩大科研投入，搞煤矿自动化、智能化，但煤矿都关了，智能化又有何意义？

所以应从全国范围统筹推进"双碳"目标的实现，部分地区可以率先实现达峰，同时可以考虑通过适当的财政和金融政策，比如设立低碳转型基金，帮助困难地区有序达峰并转型。这也借鉴了国际上的普遍经验，比如欧盟确定了2050年碳中和的目标，但有些国家难，有些国家容易，于是他们就制订了类似的帮扶计划。

抹平资源差异，新能源技术竞争开启

问：如何看中国能源发展的现状？"双碳"目标将给中国的能源行业带来哪些影响？

周大地：中国用了几十年时间，从一穷二白到目前已掌握了全套的化石能源开发技术，建立了全球规模最大的产业体系。目前，中国的采煤技术已进入世界第一序列，煤电规模和水电规模世界第一，核电技术也取得诸多突破。

事实上，在传统化石能源开发上，中国经历了一个非常艰难的追赶过程：一开始什么都没有，好不容易引进20万千瓦的，人家又推出30万千瓦的，然后再买30万千瓦的，人家又推出60万千瓦的、100万千瓦的，直到我们把这套技术掌握在自己手中。

现在全球的能源体系都正面临一次彻底的洗牌，在低碳技术上，中国终于与发达国家站在了同一条起跑线上，很多技术我们没有，国外也没有。

而现在中国正在积累自己的优势，历经40多年发展，中国的制造能力、研发能力、资金投入能力都已今非昔比，如今新能源技术进入中国，能够实现大规模生产、大幅度降低成本，在生产和市场双向反馈过程中，实现产品快速迭代，创新能力不断增强。

因此，我认为，这次全球绿色转型过程中，中国或将迎来一个比过去漂亮得多的"华丽转身"，走到低碳技术的最前沿。

问：近年来中国在新能源领域取得长足进展，未来中国在全球新能源开发中将扮演怎样的角色？

周大地：在新能源开发上，中国和发达国家是并跑的关系，而且中国后劲儿大，很有可能跑到前头。这一方面得益于制造与创新能力，另一方面得益于巨大的国内市场。

我去看过海上风机，没有足够的制造能力真干不成：数万吨的作业船，起重机要将海上风机上吊100多米，海上风电的基座钢管上百米长，要打进海底几十米的深度，具备这种工程能力的国家并不多。

如今新能源中光伏超过70%是由中国提供的，中国制造的风机全球占比也超过30%，放眼全球，能在质量和性能上与中国竞争的并不多。在新能源汽车等领域，中国也进入了平行竞赛的阶段。

问题是，现在有些人有些舍不得改变，觉得搞了30年，好不容易拿到手里、成为老大，对化石能源不忍放弃，但须知全球低碳化是不容阻挡的趋势，如今的现状绝非终点，而且新能源技术正在快速更新，不进则退，千万不能错失全球绿色转型的机会。

问：全球绿色转型中，扩大可再生能源比例将给经济社会带来哪些改变？

周大地：首先，以煤油气为主的化石能源更多的是一种基于自然禀赋的资源，全球在化石能源上的竞争除了开发技术，还包括对资源的抢夺，这带来了地缘政治、能源安全、资源储备等问题。

而可再生能源的开发则更多的是一种技术，风和光是地球上普遍存在的，无须进口，这抹平了各国在自然资源上的差距，以后的能源利用的重点将不再是资源争夺，而是技术竞争，谁有技术谁就拿到了资源，拥有技术可以出口技术而非资源，没有技术就连自己的资源都没法利用。

其次，可再生能源价格正在快速下降，15年前光伏发电的成本大概是4元，现在基本实现平价，甚至比平价还便宜，光伏正在进入"一毛钱一度电"的时代，其技术和组件成本下降得很快，如今更多的成本在于施工、用地等其他成本。而化石能源正在逐渐衰竭，且带有地缘垄断属性，新能源的崛起意味着全球利益的重构。

最后，如果电价便宜到0.1元左右，将在全球掀起新一轮的高度电气化浪潮。

电力是最清洁的能源。原有的能源利用以末端处理为主，这是因为此前电是通过燃烧化石能源得到的，价格必然高于化石能源，所以能不用电的就尽量用化石能源，比如烧天然气就比用电炉烧热水便宜。如果电力价格低于化石能源，并且其在清洁、自动化、可控性、安全性方面表现更出色，必然会带来新一轮的电气化。

比如，一开始电动车的体验肯定不如燃油车，但近年来开电动车的人正在快速增加，到2030年电动车与燃油车的体验和性价比有可能完全翻转，而汽车的电动化也将加快其智能网联化进程，因为控制系统更简单，自动驾驶在电动车上实现起来要比燃油车容易得多。

来源：《21世纪》

作者：夏旭田　缴翼飞

实现碳中和，能源结构转型切忌"一刀切"

刘　健　中国碳中和50人论坛成员
　　　　联合国环境规划署科学司司长

当前，全球气候变化对人类社会构成重大威胁。2020年底，中国向全球承诺，将在2030年实现碳达峰、2060年实现碳中和。2021年全国"两会"，"碳达峰"和"碳中和"被首次写入政府工作报告。来自中国的联合国环境规划署科学司司长刘健认为，要实现此目标需要政府、企业、个人三方共同发力，在现有基础上进行各方面创新，核心中的核心是实现能源结构的转型。这个过程中，他特别加上一条——不要"一刀切"。

归根结底是能源问题

问："碳中和""碳达峰"的关键问题何在？核心应对是什么？

刘健："碳达峰"和"碳中和"基本围绕实现《巴黎协定》的目标而设定。简单说，到21世纪末，如何让全球大气温升不超过2℃，如何让大气中温室气体浓度不超过450ppm是关键。目前各国已给出的承诺目标值加在一起，仅可以达到2050年碳中和的63%。如果各个国家全部可以实现在全球气候变化峰会上的这些承诺，有可能使21世纪末大气温升控制在2.6℃以下。如果没有这些承诺，按照各国自主贡献，大气温升将达到3.2℃。这个0.6℃的差距，表面上看起来不起眼，但气温每增加0.1℃，就会对全球居民产生巨大影响。因此，这项承诺是推动应对气候变化迈出的一大步。

无论是气候变化问题、污染问题，还是生物多样性减少问题，这三大危机的根源都是不可持续的生产和消费。减缓气候增暖，归根结底还是要解决能源结构问题。就"碳中和"而言，有建议移除大气中的二氧化碳，但目前需要应对的最大的问题是如何减少排放。而减少二氧化碳排放的核心在于能源结构的改变，即如何从以化石能源为主转型为以非化石能源（清洁能源）为主，后者是否可以用太阳能、风能、潮汐能，乃至氢能和核能等清洁能源替代。基于现有的技术和未来可能的突破，通过一些政策和机制，非化石能源的份额是可以有很大增加的。

国际能源署在最新报告中进行了大量预测，从中我们可以知道碳中和的能源变革是如何实现的。其中的关键词是"Transformation"（转型），也就是说从一个形态转到另一个形态。全球排放的3/4左右的份额是从消费能源开始的，改革能源结构是核心，需要在增量与存量上共同做出重大改革。

问：在这一转型中，国家、企业与个人面临着何种挑战？

刘健：全球气候政策和国家政策已经出台，化石能源企业现在也要寻求自己的出路，但涉及的市场激励手段、政策限制和法律保障又是一个系统工程。

在中国，对现有的化石能源企业减少补贴、增加税收是一个方法，但更重要的是：如何既保证企业有钱可赚，又减少排放。建议中央政府和省市各级政府，关注每个企业的实际情况，尤其是能源企业。目标可以是统一的，但是，真正实施起来，针对不同企业，还要有灵活性。转型不是革命，转型是需要过程的。总的政策制度要切合实际，还需要根据可持续发展、脱贫等实际情况设定目标。

总之，我希望不要"一刀切"。如果企业转型不成功的话，经济就没办法发展，经济不发展，就没办法进行后续新的技术开发。"碳达峰""碳中和"是国家发展道路上的重要目标之一，虽然也可以说是环境目标，但会牵动很多部门。可以说，一个能源体系的改革，却会牵一发而动全身。对此，不可以急躁冒进，必须结合实际情况，循序渐进。

转型不仅是国家和企业的事，也是每个人的事。对公众来讲，选择更加低碳的生活，从自身做起，将节能减排落实到生活中的每一件小事上，是务实选择。比如，减少乘电梯次数；选择更加绿色的出行方式上下班；随手关灯，及时关闭空调；节约用水；等等。生活方式的改变是尤为重要的，实际上也是从根源上解决问题。如果需求减少了，那么供给也会相应减少；供给减少，排放也会减少，会产生联动的效果。反过来，化石能源使用减少，污染减少，人们身体也会更加健康。因此，这是一个多重受益的过程。从这个意义上讲，像快递过度包装这样的流通现象既是消费者消费取向的问题，更是个人生活方式的问题。我建议尽量减少网络购物，自己携带布袋去超市购物，这样的生活方式会有助于减少温室气体排放。

当然，家人往往是最好的监督者，家人之间要互相提醒。虽然这些事情微不足道，但中国有14亿人，全球有70亿人，哪怕只有一半的人做到，也会对全球环境变化产生非常大的影响。在这里，还要特别提及，全球1%的富人尤其要自律。根据联合国环境规划署的《排放差距报告》，这些富人的碳足迹相当于全球中线以下50%人口碳排放量的两倍。这是很可怕的事情。总之，只要是地球人，就要从一点一滴的生活小事践行低碳环保理念。

目前来看，技术的潜力已经存在，而现在大数据背景下的数据调控和能源调度都是革命性的。借助科技力量，政府、企业、个人共同发力，在现有基础上进行创新，同时政策上寻找突破，体制上进行改革，投资机制上进行引导，再加上公众意识的提高和推动，预期目标还是有望实现的。

各国经验互相借鉴

问：随着新冠肺炎疫情的缓和，全球经济正在艰难恢复，对这一轮新的增长，作为联合国环境专家，您有何建议？

刘健：总体看，在实现碳中和问题上，所有的发达国家的立场是一致的，而发展中国家会有各自的考量，比如印度至今都没有明确的碳中和计划，南非承诺2050年实现碳中和。因此，全球各国的情况不尽一致。

新冠肺炎疫情使不少企业停产或者倒闭，在客观上促使碳排放相比2019年减少7%左右，但是，空气中二氧化碳浓度还在一直增长，近十年每年平均增长率为1.4%。对此，联合国环境规划署最大的希望是，政府可以重新考虑如何以绿色低碳的方式刺激疫后经济增长。据统计，截至2020年底，各国疫情导致的经济刺激投资已经达到15万亿美元。联合国环境规划署曾提出，重建即意味着重新开始，要寻找更好的可持续发展路径，包括低碳或零碳的发展方式。但是，真正能够反映环境改善、体现低碳情况的重建项目不到2万亿美元。所以，在各国重建投资持续增加的背景下，无论国家投资还是私人投资，无论投资导向设定在何种领域，我们都希望这些投资可以变成引导性资金，投向绿色低碳领域。

问：联合国环境规划署的环保倡导会不会更下沉？

刘健：我们只在全球10多个国家设有办公室，与联合国开发计划署（UNDP）的1.8万名员工相比，联合国环境规划署仅相当于其1/10。总之，我们力量有限，现在主要集中做一些全球层面的科学支撑和政策推动的工作。

目前，在全球人均碳排放量排行榜中，美国第一，俄罗斯第二，日本第三，中国第四，欧盟第五。因此，联合国环境规划署更多侧重在全球政策、区域政策领域提升影响力，同时关注重点国家如G20成员国。我们之所以愿意跟有关政府、企业和媒体合作，是希望能够力所能及地帮助大家做这个事情，特别是在提高公众意识和政策推动方面。

问：低碳地球是一个新课题，各国应该如何互相合作、取长补短？

刘健：客观地讲，大家都在摸索过程中，没有现成模式可循。我们认为，就制定政策而言，欧盟是一个典型。2019年12月，欧盟委员会发布了《欧洲绿色新政》（*European Green Deal*），这是27个国家之间内部的协定，内容包括应对气候变化、减少污染和减少消费等目标，可以说是欧洲版的"可持续发展目标"。无论碳中和还是环境保护，绝不是一个部门的事，欧盟制定的绿色新政就是全方位的、包括各个部门的政策。中国经过改革开放40多年的发展，也积累了相关经验，拥有新的技术平台，也有一些经验可以分享。各国应对气候变化的立场是一致的，各有经验，可以互相借鉴。

问：您是中国派出的联合国官员，您对中国的政策（比如"乡村振兴战略"）有什么具体建议吗？

刘健：总体而言，中国制定的宏观政策目标还需要进一步细化，具体到部门、地方和产业，实施起来会有差异。老百姓生活方式要改变，思想意识也要改变，要把气候变化、环境保护嵌入意识层面，这是一个比较复杂的系统工程。所以，首先要搞好顶层设计。中国这么大，各地情况不一样，所以切忌"一刀切"，要因地制宜。这也是我反复说的。

就"乡村振兴"政策而言，它看起来是农村的问题，实际上涉及很多领域。中国提出"乡村振兴"政策恰逢其时，但是怎么做，是有选择的。从环境角度来讲，比如建房子，要建设什么样的房子、用什么材料建房子、节不节能等，都是问题。

我是在农村长大的。对于乡村振兴来说，一种方式是投入政府的钱，另一种是投入个人的钱，可以多向选择。所以，乡村振兴一定是多目标而不是单目标的。既然是乡村振兴，振兴后就不可能再退回去；一旦振兴起来，就要朝着可持续发展方向坚定走下去。

作者：李新荣

碳中和需要时间表和路线图，避免走弯路、入误区

潘家华 | 中国碳中和 50 人论坛成员
中国社会科学院学部委员
北京工业大学生态文明研究院院长

碳达峰、碳中和"30·60"目标是中国经济转型必须完成的任务。中国的能源结构改革是一次难得契机：将占碳排放总量超过80%的化石能源替换成零碳清洁的可再生能源，不仅要修正"用资源换发展"的理念，还要在能源行业政策的制定中充分考虑经济性和预见性，带来一场能源服务形态的巨大改变。

国家气候变化专家委员会委员、中国社科院学部委员潘家华表示，碳中和就是碳中性，碳中性就是要把额外于气候系统的碳全部归零。中国的碳中和的测定和核查，需要符合国际规则，必须基于国际共识、国际协同、国际认可，重点、必须，也只能落在化石能源碳上。

潘家华认为，碳中和的时间表和路线图要围绕着化石能源碳来做：在2045年或者最晚2050年煤炭要全部退出，2055年石油要基本退出，2060年天然气大体退出。也就是说，2060年前，煤炭

全部清零，石油只有少许，天然气大致只能留存当前消费量的20%左右。这样，化石能源碳的排放，总体上可以减少95%以上。此时，也只是大略的碳中和，但实际上，这就够了。原因在于，自然界有一部分化石能源碳的自然溢出，量级不高，自然生态系统可以部分吸收，逐步适应。

实现碳达峰、碳中和需要对中国的能源结构进行一次重建，"能源政策也要做调整，合理规划、防止浪费，减少零碳能源空间再配置的成本"。潘家华说。

时间表和路线图

问：要在2060年实现"碳中和"目标，您认为主攻方向是什么？重点是在哪里？

潘家华："碳中和"这个词是从英文carbon neutral翻译过来的，neutral的含义是中性的、不会有额外增加的，保持一种平衡，所以就叫中性。如果把碳中性这个词作为碳中和的准确解读的话，就一目了然了。比如森林是碳中性的，因为吸收的二氧化碳是从大气当中来，燃烧、腐烂、排放又回到大气中去，这就是一种碳中性。但是化石能源就是额外的。额外在哪儿呢？埋在地底下，挖出来燃烧，制成各种产品再燃烧，这就是造成了额外的碳排放，我把它叫作气候灾性碳，因为它是额外的。因此，碳中和就是碳中性，碳中性就是要把额外的碳全部归零。如果这样来正确理解"碳中和"，要实现2060年碳中和的目标所要采取的行动重点就非常明确了，就是要把额外增加的碳归零，国际社会的核查重点也是这部分碳。

国际上所界定的森林碳汇就是气候中性碳，在碳的交易中没有纳入任何森林碳汇。欧盟碳交易排放体系所纳入的全部是化石能源碳，没有任何碳汇。从科学统计来讲，化石能源碳的统计相对来说更为精准，其排放因子也是可以精确核对的，得到的数据也应该是最具可信度的。而其他的碳，特别是气候中性碳、水稻田排放的甲烷、畜牧业奶牛反刍释放出来的碳、森林碳、土地利用排放的碳，这些碳排放都无法实现像化石能源碳排放那样精准的测算。根据现在的全口径统计数据，化石能源碳的误差率一般在5%以内，气候中性碳中的绿色植物、农业、水稻养殖业的碳误差率超过50%，联合国政府间气候变化专门委员会（Intergovernmental Panel on Climate Change，IPCC）一般每5~7年做一次评估，所统计核算的排放误差率最高的就是这样的碳。从目前的排放比来看，化石能源燃烧排放的二氧化碳占到80%，甲烷、氧化亚氮占到15%~18%，而甲烷和氧化亚氮又有40%左右源自化石能源。

发达国家的碳中和针对的基本都是化石能源碳。美国控制温室气体排放，工作的着力点和重点都在化石能源。英国要在2020年彻底退出煤炭，德国一开始说在2042年，后来改成2038年，目前承诺是到2030年彻底退出煤炭。联合国秘书长古特雷斯在2021年4月22日世界地球日发表谈话，明确指出煤炭必须要首先退出，而且越早越好。第二是石油，因为石油相对来讲含碳量也比较高，最后才是天然气。多种化石能源并不是同步被替换掉的，煤炭是第一位的，着力点非常清晰。所以，中国的碳中和核算一定要符合国际规则，必须基于国际共识、国际协同、国际认可，要把重点落在化石能源碳上。

问：您认为"碳中和"的路线图和时间表应该如何制定？

潘家华：要在2060年前实现碳中和必须要有时间表和路线图，在2045年或者最晚2050年煤炭要全部退出，2055年石油要基本退出，在2060年应该是天然气大体退出。

煤炭目前占到碳排放的75%~80%，如果煤炭在2050年彻底退出的话，基本上就可以减少80%左右的碳排放。此外，石油碳排放占比15%，天然气还有5%，即使天然气最后不归零，也要压缩90%。按照能减少105亿吨二氧化碳排放量计算，到2060年基本实现碳中和应该没有问题。

问：除了时间表和路线图，碳中和的"预期管理"应该怎么做？

潘家华：碳中和也需要预期管理。经济学上有一个概念叫理性预期，看准方向之后要形成稳定预期，即战略性、长远性的预期。举个例子，特朗普退出了《巴黎协定》，一再声称煤炭是清洁能源，但是在特朗普就任总统的四年里，美国没有一家公司投资煤炭，相反在这四年时间，煤电的发电装机量平均每年减少1000万千瓦，因为企业非常清楚，煤炭是没有未来的，大家都不会冒这样的风险。

煤炭开采、煤化工、煤电是回收期很长的投资，投资金额动辄七八十亿元甚至上百亿元，一般投资三年以后才能投产，经济运行周期多长达四五十年，而碳中和的刚性约束在二三十年内就会不断趋紧，企业肯定不会选择收不回成本的投资。需要提醒中国企业的是，"十四五"规划提出要在2030年前实现碳达峰，一定不要盲目攀高摸高，因为攀高摸高后下不来才是问题所在。在海外进行投资也要对当地的环保政策有充分了解，比如火电项目一定要慎重，气候问题是所有国家都在关注的，海外投资项目一定不能与气候治理相违背，企业环境责任的焦点、难点都体现为企业碳责任。

问：最近讨论比较多的是，如果收入提高了，碳中和问题就解决了，您对此怎么看？

潘家华：社会上对碳中和产生这样的误解，是因为对碳排放的理解有误。首先，过去说的"先污染、后治理"的理论在碳中和的实践中是行不通的。库兹涅茨曲线是20世纪50年代诺贝尔奖获得者、经济学家库兹涅茨用来分析人均收入水平与分配公平程度之间关系的一种学说。研究表明，收入不均现象随着经济增长先升后降，呈现倒"U"形曲线关系。这一假说在二氧化硫、氮氧化合物、粉尘治理等方面已经得到了验证。发达国家是这样，中国也是这样。中国二氧化硫在改革开放初期只有200万吨，2005—2006年峰值期达到了2300万~2400万吨，随后给排放企业安装脱硫设施，二氧化硫又回到百万吨级以下了，基本上可以自然消纳。

不过，在二氧化碳减排方面这一理论就很难再次得到验证。发达国家所经历的过程是，人均收入在1.2万美元以前，二氧化碳排放量确实随着人均收入的增加而增加，在人均收入达到1.2万~1.5万美元之后碳排放量达到峰值，然后就有下降的迹象。现在，美国现在人均收入达到6万美元，人均碳排放量仍居高不下，高峰值达到22吨，日常排放也还有15吨。欧盟也是如此，人均收入1万美元时，高峰值是人均15吨，目前还有5~7吨，而其人均收入已经超过5万美元，从1万美元到5万美元排放最多只减了一半，再减一半要到12万美元？也就是说，在碳减排问题上，收入与减排量之间并不遵从环境库兹涅茨曲线规律。

不仅如此，我们还要认识到：第一，二氧化碳所引发的气候变化是长期性的，不会像治理二氧化碳那样立竿见影。第二，气候变化带来的灾难频繁出现，人们已经把气候变化当成了"灰犀牛"。需要反思的是，怎样能够随着经济的发展、收入的增加来加速脱碳或者去碳？以及在收入不增加的情况下，实现零碳发展？

避免走弯路

问：在推进碳中和的过程中，要避免走哪些弯路？

潘家华：碳中和的顶层方案要围绕着化石能源碳来做，必须要有化石能源碳退出的时间表和路线图，这个刚才已经讲了。这其中有一个很重要的问题就是化石能源如何平稳退出，目前最需要考虑的就是煤炭的退出，要保证退出时不造成过大的经济损失。我建议不再新建煤化工项目，对煤制气、煤制油、煤制乙醇都要慎重，不能煤电退出后煤制气反而增加了。

有五个弯路是要避免的：

第一，地方为了政绩，把森林砍了，搞光伏发电，这样不切实际、得不偿失地发展零碳电力是不对的，必须要避免。

第二，很多地方把森林碳汇作为碳中和的灵丹妙药，化石能源碳排放照旧，寄希望于森林碳汇。前面说了，绿色植物碳是气候中性碳，即使有一些碳吸收能力，其所能吸收的二氧化碳也就10%。种树不在于碳汇，更重要的在于生物质能，在于生物多样性，在于生态系统功能，不要把这个理解偏了。种树很重要，它是生态功能，但它解决不了气候灾性碳的问题。

第三，化石能源短期无法替代，就用碳捕集与埋存（CCS）的中断处理方法。这会出现两个问题，一是碳捕集以后，量太大用不了；二是成本太高，目前仅碳捕集的成本每吨二氧化碳最低也要300元，高的会超过800元。也就是说，采用CCS方式，仅碳捕集每度电就要额外增加0.3元钱，而光伏发电一度电成本为0.1元，水电0.26元。

第四，在零碳导向下的能源发展和经济发展有两个误区：一是能源消费在经济成熟的情况下，总量不会再增加，达到峰值以后，能源消费总量也会下降，不会出现可再生能源满足不了的情况，这是一个认知误区。二是什么事情都要建大电网。大电网有安全性和经济性的优势，不过实际上在许多地方，零碳这样的系统还是分布式更为经济有效，自给自足，有多余就卖，不够就买。

第五，零碳不仅涉及能源领域，经济社会体制机制也至关重要。例如产品质量，如果一幢楼寿命100年，显然要比寿命只有30年的效率高出三倍以上。又如循环经济，许多因消费偏好或无地存放的碳密度高的耐用消费品，如自行车、钢制家具，多八成新甚至全新，如果进入二手市场再用，可以保全碳存量，实现碳效用；如果作为垃圾回收，即使循环再用，也要损毁既有碳存量，灭失碳效用。

问：煤炭退出后的缺口谁来补？怎样补？

潘家华：目前对可替代能源的理解有误区。可替代能源有三个特征：一是要能够保证能源量，二是能源具有稳定性，三是在操作层面能够实现替代。在量和稳定性方面，很多人说煤电是电力行业"压舱石"，我就不认同这样的说法。水、风、光伏都可以发电，这些都是未来替代煤炭可以考虑的，是零碳的。水电的上网电价比煤便宜很多，风电和光电需要解决储能的问题，储能可以多管齐下，化学储能、抽水储能和电池都已经在不断应用。

德国定在2030年清除煤电，通过可再生能源来替代，发展风能和光能。20世纪70年代初，还觉得光伏发电是天方夜谭，太阳辐射能的光电转换效率只有6%；2020年转换效率已经达到了26%，而且还在进一步提升中。

中国在可再生能源的使用上也在不断实践探索。青海省人口总数602万，面积70万平方公里，与北欧的一些小国家面积相当。2017年，青海连续三天使用百分之百的可再生能源，2018年是一个星期，2019年是一个月，2020年是102天。

当然，可再生能源的广泛使用还需要时间，航空燃油目前还没有找到合适的替代能源。不过随着技术的进步，可再生能源替代石化能源的速度还将加快。

问：工业领域的能源替代，有哪些现实问题需要解决？

潘家华：钢厂对煤炭的需求很大，要用焦煤炼钢。欧洲希望能够用氢能来替代，但氢能成本居高不下。不过，碳中和不是立马兑现，是未来几十年里要解决的问题，要给技术设定一个窗口期，明确了技术的发展方向，就可以努力攻克技术难关。

同时，也要防止出现两种情况，一种是走偏，另一种是不重视。走偏是什么呢？比如对于化石能源，强调提升能效是对的，但是，无论如何提升能效，最终也只能低碳，不可能零碳。

问：一个全国性的碳交易市场，还需要哪些配套机制？

潘家华：碳市场最大的优势就在于价格信号，就是碳不是免费的。用价格引导碳交易的激励作用是非常重要的，但是绝对不要寄希望于有一个碳市场就能解决碳市场的所有问题，对一些阶段性的问题要进行充分考虑。

第一，由于碳中和的目标刚性，只有30~40年时间，碳市场就要归零，碳市场不可能做大做强做久。

第二，碳市场的交易成本较高。进行碳交易，首先要做核算，这就需要成本。专业核算以后，比如一家企业排了3万吨碳，还需要进行核查，核查也需要成本。核查之后的登记和交易也不会是免费的服务。

第三，碳交易所交易的是无形产品，有总量限额，这个限额谁来定呢？定了以后给谁呢？这中间存在着寻租空间，有腐败的风险。

能源政策要符合实际

问：目前有人担忧会出现人为压峰、降峰，您认为有何应对办法？

潘家华：碳达峰是一个经济发展的自然过程，欧洲就是自然达峰，确实要避免出现人为压峰、降峰的情况。碳达峰不能"一刀切"，社会成本、就业、经济运行、产业竞争都是需要考虑的因素。此外，各地方的能源禀赋不同，针对水能、风能、光能的配比要根据地方实际情况来制定各自的能源规划，能源配额也要充分考虑各地情况，不能为了碳排放去抢配额。

问：能源结构转型，目前遇到的主要问题是什么？未来的能源结构有哪些显著变化？

潘家华：未来能源结构会发生四个变化。

第一，液态和固态的化石能源基本上都会被电力所替代，这是很大的变化，是能源形态的变化。将来固态的煤炭和液态的燃油会慢慢退出。目前电的渗透率还不到一半，50%的煤用来发电，50%的煤用来固态燃烧，将来会变成以电为主。

第二，结构的变化。化石能源特别是煤和石油会逐步全面退出，或许有残量石油，少许天然气。天然气是化石能源中碳排放比率最低的，出于能源系统的安全稳定性需要，可能允许存在少许的天然气。

第三，风、光、水、生物质能及储能完成多能互补和区域协同。

第四，能源生产和消费的一体化及融合。自家屋顶光伏发电自己用，可为私家车充电，也就是能源生产和消费一体化，原来是买，现在是自给自足。

从区域发展的角度，能源结构调整也要顾及区域平衡的问题。对于地方来说，比较被动的是，电力属于高品质的能源服务，但电力供应又不是用户方或本地所能决定的，只能接受大电网的电源结构、配额等，各省用哪个电网，并没有选择权利。未来光伏发电可以采用地方对口的方式，比如浙江对口甘肃，浙江经济活跃，对电力的需求大，甘肃太阳辐射强度高、时间长，可以租地建设太阳能光热、光伏发电，浙江支付当地租金，这样既增加了甘肃的就业，也可以降低浙江购买电力的成本。清洁的电力是零碳的，主动对接和协同，这是地方政府可以做的。

此外，地方政府可以大力推广能源替代技术。比如北方的集中供暖，可以采用地源热泵、气源热泵等技术国家要推动绿色电力发展，不过这也是需要时间和财力的。

问：对于煤炭企业来说，要做好哪些准备？行业整体会出现哪些调整？

潘家华：首先，必须承认煤炭行业对经济发展的贡献，没有煤炭就没有中国的快速发展。伴随着经济的发展，煤炭所带来的环境破坏问题日渐受到重视，中国需要承担起国际责任，煤炭退出是必然的。现在的问题是怎么让煤炭行业平稳退出，要考虑工人的就业安置、旧有设施的再次利用、投资如何获得相应回报等问题。

未来新型能源的发展可以从煤炭行业的发展轨迹中获得充分经验，比如加强行业自律，以及选择更为妥善的补贴政策。光伏的补贴就没有充分考虑市场的实际情况，2005年的光伏补贴是1度电补贴4元，而且一补就是25年，要补到2030年，这给财政造成了负担。所以能源政策一定要有预见性，当初那么高的补贴显然是在设计机制时没有考虑到技术的快速发展。德国也曾出现过这种情况，导致风电补贴最后无法支付了。产业政策一定要充分考虑到经济性，对于补贴的进程、补贴的时间期限要有清晰的判断。

问：碳中和会不会带来新一轮特高压投资的高峰？

潘家华：做特高压输变电是必然的，但目前有些问题。首先，零碳能源空间不匹配，有的地方多，有的地方少。其次，用能负荷相对集中，空间上不均衡，这就必然需要通过特高压输配电将能源输送网络打通。新疆有160万平方公里，有相当比例的国土空间是戈壁沙漠，甘肃、内蒙古、宁夏、陕西等地零碳电力的外送，也有赖于特高压输配电，可以理解为再造一条特高压输配电的高速公路。这需要很周密的规划，避免造成投资和资源的浪费，减少零碳能源空间再配置的成本。

来源：经济观察网

作者：李晓丹

减污降碳协同控制，中国特色解决方案

胡　涛 ｜ 中国碳中和 50 人论坛成员
湖石可持续发展研究院（LISD）院长
环境保护部政策研究中心学术委员会原主任

　　"早日达成碳中和"是人们对地球变暖的现实进行反思后的自省与自律，是世界人民觉醒后的积极行动。它最初由环保人士倡导，逐渐获得越来越多民众的支持，后来成为被各国政府所重视的一致性行动。湖石可持续发展研究院院长胡涛一直致力于生态环境与可持续发展工作，在环境治理的过程中，他格外强调协同控制的思路和发挥市场调节机制的作用。

　　温室效应致使北半球进入冰期，被困图书馆的人们靠焚书取暖……罗兰·艾默里奇《后天》中的场景发人深思，一网友在豆瓣影评中写道："人与环境的问题，永远是这个时代最大的问题。"

　　温室效应真的有这么恐怖吗？它对我们的生活究竟有什么样的影响？

　　胡涛不是一个危言耸听者，与之相反，对未发生的事情，他始终保持谨慎与乐观。

"我不是做气候变化的科学研究的，但从地质学大尺度看，气候变化的确还有很多的不确定性"，"有什么结果其实我也不知道"。作为一个投身于环境事业的人，胡涛没有用严重后果来突出自己工作的价值，"气候科学的问题，需要用长时间的大时空尺度来衡量"。

那么，为什么还要为了"碳达峰"和"碳中和"目标的达成而努力？他给出的回答是，"为了预防"。我们总要"按照最坏的结局来考虑问题"。另外，也是为了获取碳减排过程中的"协同效益"。对于碳中和的整体进程而言，过程可能比结果更重要。我们在碳减排过程中减少的大气污染物排放、发展壮大的可再生能源产业和新能源车产业，可能比减少的温室气体排放更有意义。

女娲补天：环境保护的重大工程

在第75届联合国大会一般性辩论上，中国首次就积极应对全球变暖的气候问题做出了承诺——力争在2030年前实现"碳达峰"，2060年前实现"碳中和"。

"言行一致"是中国传统的行事准则，这份来自中国的承诺自进入公众的视野，就被马不停蹄地提上了日程。"碳达峰"和"碳中和"在2020年12月召开的中央经济工作会议、博鳌亚洲论坛、2021年的政府工作报告中都充分露了脸，这也体现了中国在这一领域的决心。

政府大步开跨，企业积极响应，媒体配合宣传，各种论坛遍地开花，各类科普信息铺天盖地而来。不过，对于普通民众来说，"碳达峰"和"碳中和"两词还是比较陌生。

究竟什么是"碳达峰"和"碳中和"呢？

湖石可持续发展研究院院长胡涛给出了一个极具中国特色的解释：这是一项女娲补天式的工程。

"温室气体排放，就像是天空开始漏了，有一些宇宙中的物质飞了进来，需要人们'一块一块'地把天补上。但是（天）漏的速度也在加快，到了碳达峰的时候，漏的速度最快。之后补天的速度加快，漏的速度就会减缓。等到有一天补天的速度和漏的速度一样，那就是碳中和。"

胡涛还补充道："再进一步，继续补天，把所有的漏洞都补上，那才是最后的结果。"把历史欠账都补上，这是历史碳中和。

2015年《巴黎协定》通过，各国期望凝聚全球之力共同遏阻全球变暖趋势。至2021年2月美国拜登政府的重返，共有197个国家加入了《巴黎协定》。

以"环境保护"为名的大船早已扬帆，前路也许还有迷雾，但我们身边有众多伙伴，也有"碳中和"的灯塔指明航向。

协同控制：环境治理的系统思维

在环境治理的历史进程中，"末端治理"的方式一直占据着重要地位。"末端治理"是"先污染后治理"模式的体现，它是指在工业生产工艺的末端，对产生的污染物排放进行控制并实施治理，使之达到排放要求。

胡涛将这种方式概括为西医式的"头痛医头，脚痛医脚"。环境治理，需要学习中医的系统思维，把治理对象当成一个整体看待，辨证论治。

他在报告中给出了这样两个例子：光伏发电带来了清洁能源，但光伏电池组件的生产，则可能增加了粉尘排放；为了提高空气质量，燃煤电厂采取了脱硫脱硝等措施，用碳酸钙置换出硫酸钙，但却增加了能耗，化学反应则释放二氧化碳，增加了碳排放。"按下葫芦，起了瓢"，末端治理措施在削减某一特定污染物的同时，由于耗能运营、耗材增加可能导致其他污染物排放的上升。

2015年8月29日修订通过的《中华人民共和国大气污染防治法》第二条提出了实施协同控制空气污染物与温室气体排放的要求，在此之前，没有任何国家有如此明确的立法条款。早在2012年，胡涛等人就对硫、氮、碳协同减排的环境治理路径进行了探索。

对于环境保护和治理，胡涛在他长期的研究和实践中一直遵循"协同控制"这一思路，并为了研究协同控制的方法学、制定具体的标准和准则而不懈努力。胡涛在他的研究论文中这样定义协同控制：一种寻求最大限度地实现减少空气污染物和减少温室气体排放的共同效益的控制政策、措施或计划。

之所以采用协同控制这一手段，胡涛认为这与污染物的来源有关。空气污染物与温室气体的排放都是因化石燃料而产生，具有同源性。空气污染的治理和温室气体排放的治理可以相互受益，实施协同控制往往具有"一举多得"的效果。

中国的情况正是如此。"中国同时面临温室气体、二氧化碳、二氧化硫、颗粒物的减排和治理"，胡涛认为，"最好的办法是减污降碳、协同控制"。

减污降碳、协同控制在农村环境综合整治中也大有可为。

胡涛和他的团队正在设计农村环境综合整治项目，他们将生活污染物、畜禽粪污、农业秸秆等有机污染物经由沼气发酵后转换为电能，减少了甲烷的排放。这种整治措施可以系统地将可再生能源、环境与资源有机整合为一体，实现循环再生利用，综合解决能源、资源、环境等可持续发展过程中存在的问题。

他们预期在明年打造2~4个碳中和农村环境综合整治试点项目，到

2025年，将碳中和农村环境综合整治模式在全国推广，未来还可推广到"一带一路"沿线及其他国家。

经济手段：实现"碳中和"的重要抓手

胡涛长期从事环境经济学，环境政策及环境管理体制，投资、贸易与环境的关系及其他全球和区域性的环境问题研究。他虽然近年来长期生活在美国，却对中国政府抱有极大的信心，据他说，正是对美国的体制有了近距离的深度理解，对国际环境、经济等问题进行了长期研究，才让他体会到了中国体制和政策的优越性。

他在采访中提及，他坚信中国环境保护的战略政策目标正确，并认为可能需要改进政策手段，环境治理需要"更多地用市场的力量来推动"。

碳定价就是充分利用市场对环境问题进行调节的一种手段，碳排放权交易和碳税是碳定价的两种主要形式。

2011年，我国已经开始在国内展开碳交易试点。新华财经报道：7月15日，上海环境能源交易所股份有限公司公告，全国碳排放权交易于2021年7月16日开市，我国未来将建成全球最大的碳交易市场。

胡涛肯定了碳市场在促进"碳中和"中的作用，同时也提出了目前碳市场仍然存在的一些问题，如碳市场监管成本高，MRV（碳排放的量化与数据质量保证的过程，包括监测、报告、核查）的严格执行增加了实施成本。

资源环境碳税也是他目前正在进行的一项研究。他认为企业和个人更可能"根据资源环境的价格信号来改变自己的行为"，碳税执行成本低，"效率更高"。

胡涛在访谈中还谈及，"碳定价是必需的，是社会主义市场经济的要求"。不过他也说道，"碳定价不变的话，从行为经济学角度来说，不利于调节企业和个人的消费生产行为"。也就是说，不仅要从环境经济学角度，更要从行为经济学角度设计碳税，以改变企业与个人的碳消费行为。

为了便于理解，他举了"塑料袋收费"这一例子。

"塑料袋收费后，头几个月、头两年，出门购物的时候会自己带个布袋子、纸袋子，省几毛钱的费用。但是几年后大多数人都不在意那三毛五毛钱了，反正手机支付不用找零钱，也习惯了塑料袋收费。""固定的碳定价也是这样，之后企业也会逐渐适应。"

如何抵抗这种"适应"，根据行为经济学，胡涛给出的解决建议是创建一个"预期"。

"塑料袋价格一直上涨，从三毛、八毛到一块，碳价也一样。"在这种价格一直上涨的行情下，消费者、生产者、投资人才会意识到"习惯"不是个办法，要从现在开始调整行为。"碳价的上涨比碳定价本身更有意义和价值"。

未来碳价是否会上涨？胡涛表示，"取决于决策者"。

他进一步解释：任何一个决策都需要考虑很多方面，以碳价为例，决策者还需要考虑碳价上涨之后对传统产业的影响，对相关行业就业人员的影响，对居民消费通胀的影响，对金融的影响，等等。"这是一个系统工程，主要目的是解决某一个问题，但是在解决过程中，需要处理其他问题，考虑带来的副作用怎么处理"。

政策不可能一蹴而就，它是一个逐渐完善的过程。

民间智库：为国家建言、为企业献策

企业是市场经济的细胞，胡涛也就企业在实现"碳达峰""碳中和"目标中的作为提出了自己的看法和建议。

他认为企业要制订自己的碳中和计划，首先要做的就是"清理干净自己的院子"，看看自己在生产过程中是否做到了节能减排；其次还要关注"院子"之外的东西，比如关注使用的电力、水是否环保；最后还要努力让自家"院子"与"左邻右舍"都清洁，使整个企业供应链、产业链更低碳。这就是所谓的"范围一二三"的核算。

胡涛还一直投身于民间智库的建设，在他的认知中，民间智库的意义在于"汇集民间智慧，为国家献言献策"。无论是对协同控制道路还是对市场手段的探索，胡涛都是在围绕着环境治理尽职尽能地为人类的生存发展建言献策。

"古之人，有犯其至难而图其至远者，彼独何术也？""发之以勇，守之以专，达之以强。"

在国际社会的共同努力下，环境治理的目标已经明晰，"减污降碳、协同治理"的方案也在不断完善，我们也期望，各国的执行力不会缺位。我们所图，在于环境保护和生态和谐的至高与至远。

"是时候采取行动了"，在联合国官网"气候变化"的板块下写着："让今天成为下个篇章的起点。"

作者：赵明鑫　陈晨

可持续发展概念应融入企业主营业务，减排将带来竞争优势

钱小军 | 中国碳中和50人论坛成员
清华大学绿色经济与可持续发展研究中心主任
清华大学苏世民书院副院长

"政策压力之下，对于很多企业来说，目前都存在很大的减排空间。但随着进度不断推进，减排难度会越来越高。企业主动地迎接挑战，就有可能将这种压力转变为一种先发优势。"中国碳中和50人论坛成员、清华大学绿色经济与可持续发展研究中心主任、清华大学苏世民书院副院长钱小军在接受21世纪经济报道专访时说。

钱小军指出，目前我国大多数企业对于低碳、环保等企业社会责任和可持续发展的态度还停留在初期的"被动合规"阶段。但在碳达峰、碳中和的新赛道，低碳、环保、绿色转型已经不只是企业的口碑塑造或合规部分的工作，而是要深度融入企业的主营业务。为此，企业需要在机制改革、发展模式、技术和产品创新等方面多线发力。

CSR经理的困境

问：企业对企业社会责任和可持续发展的态度被分为自卫防御、被动合规、管理认同、战略规划和自觉行为五个阶段，我国企业对低碳减排的态度目前处在哪个阶段？

钱小军：在此前的一些会议的对话中，我们就发现很多企业社会责任（CSR）经理人有一个共同的困惑，他们总感觉自己的工作难以融入企业的主营业务中，工作内容仅是策划一些公益项目，比如志愿者服务、希望小学、贫困地区或特殊疾病的慈善捐款捐赠，然后把它作为企业社会责任项目进行推动。

其实，从我国企业目前在企业社会责任与可持续发展方面的实践来看，有一部分企业在真心地、主动地践行低碳等可持续发展战略，可以说它们已走到了战略规划或者自觉行为阶段。但我认为，绝大部分企业还是处在比较初级的被动合规或管理认同阶段，仍然把履行企业社会责任当成一个为了建立口碑、减少违规风险而采取的措施，因为只要合规就不会受到惩罚。

还有一些企业在管理层设立企业社会责任部门，推动企业履行社会责任或者策划一些项目来履行这些责任，但我仍然认为这与企业主营业务之间的关系是比较远的。

随着"双碳"目标的提出，节能减排等目标被提到了国家发展战略的高度，所以近些年情况稍有改善。很多企业的社会责任报告纳入了相应的生产过程，CSR经理也可以从主营业务经理处获得相应的材料数据。但这依旧可能只是为了"合规"，并没有真正在经营的各个环节、各个阶段，甚至在整个价值链或者供应链上，推动相应的企业社会责任的落实，存在"两张皮"的现象。

履行碳责任能带来共享价值

问：企业如何顺利进入下一阶段？

钱小军：很多人认为企业履行社会责任推进低碳减排等工作是必要的，多以赢得口碑、获取社会许可、规避风险或者践行商业伦理要求为出发点。前三种都是出于目的论的被动行为，第四种是出于对商业伦理的考虑而承担相应的减排等社会责任，是基于义务论的行为，将之作为企业应尽的义务，并没有过多地考虑这么做是否能带来营收、口碑等好处。

按照哈佛商学院迈克尔·波特教授的观点，这些想法本质上都是将企业和社会作为两个对立方来考虑的。比如一些企业需要在某些地方开展生产活动，为了得到当地老百姓的认可做了一些事情，就是因为这能解决相应问题或为企业带来好处。

相比其他国家或地区，在低碳转型方面我国有一个非常大的优势就是强有力的政策引导，制度约束的效果可以说是立竿见影。但这也只能推动企业走到"被动合规"这一步，要完成向战略规划或自觉行为的转变，就需要企业完成从目的到义务的转变。

企业应该把自己的业务看成是一种无限的游戏，在这种视角下看待企业经营给所有其涉及的利益相关群体带来的影响，就可以认识到，企业认真地履行其碳责任将能够给企业和社会带来共享价值，无论是口碑、营收、人民的美好生活，还是负责任大国的形象等。

问：一些企业已经开始在高管层面设立企业社会责任副总裁、首席气候官等职位，将企业社会责任机制提升到这一高度将起到什么样的作用？

钱小军：完成上述从目的到义务的转变，在企业管理机制上设立相应的低碳或CSR部门是初期、现阶段和今后很长时间内的必要步骤，这说明有关减碳和其他企业社会责任的事情有了主管部门。但需要注意的是，这一部门或职位需要由充分了解公司业务、位处战略层面的高管来领衔。否则这一部门就会缺乏影响力，起不到实质性的作用。特别是，如果设立在PR或者法律部门之下，就又落回了赢得口碑或规避风险的目的论层面。

目前已经有一些企业尝试设立了相应的职位，或者是在董事会成立"可持续发展委员会"，这是值得肯定的。但归根结底，最终效果取决于是否由对业务和可持续高质量发展都有深刻理解的人来领导这项工作。

减排技术革新会带来竞争优势

问：低碳、环保等企业社会责任理念融入企业主营业务有哪些具体表现？将如何促使企业在低碳转型的大背景下获得先发优势？

钱小军：除了政策上的保障、相应的机制建设和企业主观上的积极性，在"双碳"目标下，还离不开相应的技术发展。我们正在构建以新能源为主体的新型电力系统，但近六成的一次能源消费仍然是来源于煤炭，同时风电、光伏等新能源都具有不稳定性，大规模的储能技术问题还一直没能得到解决。

在政策压力下，企业已经开始对运营过程中的各个环节进行梳理，尽可能地压缩自身的碳排放。在当下看来，不少已经提出减排目标和路径的企业，刚开始的减排幅度都是相当大的，比如一些企业提出近一年内的减排幅度在20%~30%，但是这个阶段过去后，比较容易达成的减排幅度会越来越小，减排的难度也会随之增大。

接下来就需要依靠技术革新来拓展减排空间，而一个企业的减排技术革新也可以影响到其他企业，可能还会带来竞争优势。未来的趋势是，越来越多的采购商在面对多家供应商时，很可能会选择碳排放更少的供应商，具备这种优势的企业就会在市场上获得更多的生存空间。

碳减排和可持续发展是企业创新能力建设的重要抓手，随着低碳等可持续发展概念的不断深入，企业除了在技术和工艺流程上的创新外，还应注重提供低碳的产品和服务，消费者也会对相应的产品和服务有更高的认同度。

问：这样的优势能否在全球市场上有所体现？

钱小军：对于我们来说，生态环境是最公平的公共产品，也是最普惠的民生福祉。加快形成以国内大循环为主体、国内国际双循环相互促进的新发展格局，是我国当前的重大战略部署。低碳、环保等可持续发展理念，既是做好国内大循环的指导理念，也是做好国内国际双循环相互促进的通用语言。

在国内市场，我们要提供绿色产品、保护环境，均衡地、绿色地、有质量地发展经济。在国际市场，可持续发展已经逐渐成为一种国际通用语言，成为国际商业运营的一种标准。中国企业在"走出去"时，只有练好可持续的"内功"，才能拿到在国际市场中的social licence（社会许可）。

来源：《21世纪》

作者：王晨 李博

融汇公众力量，
助力多主体形成保护环境的合力

马　军 | 中国碳中和 50 人论坛成员
公众环境研究中心主任
生态环境部特邀观察员

作为世界重要的碳排放国，中国积极应对挑战，提出2030年实现碳达峰、2060年实现碳中和的目标。公众环境研究中心主任马军表示要撬动企业实现环保转型，推动实现碳中和、碳达峰目标的进程。"作为第三方组织，我们将致力于为企业、政府、公益组织、研究机构搭建平台，促使多方形成合力。"

导语

当雾霾袭来，看着"爆表"的空气污染指数你是否也只能无奈地戴上口罩？看到远处黑烟滚滚的大烟囱你是否也只能"望洋兴叹"？路过漂满垃圾的臭水沟你是否也只能无奈摇头？

很多时候，公众有保护环境的"心"，却找不到有效监督的"路"。

在一个APP上，一张全国地图映入眼帘。不同于普通地图，这张地图上布满了密密麻麻的各色小圆点。点击小圆点，马上可以看到其所在河流的水质等级。除此之外，在这张地图上还能查看各个城区的空气质量、垃圾分类等情况。

这个"宝藏"APP就是马军在环保领域深耕多年后，带领公众环境研究中心推出的成果——蔚蓝地图。将环保和大数据相结合，蔚蓝地图不仅是提供气候信息的"晴雨表"，还是直通相关部委的污染举报平台。

面对中国碳达峰、碳中和的新目标，"身经百战"的马军表示："作为第三方机构，我们也有自己的使命。我们的目标很纯粹，就是推动环境气候的保护和改善。"

环境问题事关公众利益

"如果我们还不听从科学警告，不采取有力措施的话，我们就只能继续目睹致命性和灾难性的热浪、风暴和污染的发生。"联合国秘书长古特雷斯这句话给人们敲响了警钟。

马军对当前的气候变化情况也忧心忡忡，他发现过去这20年，升温更显著，海平面也处于一个上升的状态。"长三角、珠三角的一些城市未来可能会受到显著的影响。极端天气也在增多，20世纪60年代以来，极端强降水事件呈增多趋势，累计暴雨日数平均每10年增加3.8%。"

其实中国早已做出了应对气候变化的积极行动，2020年9月22日，中国向全球承诺，将在2030年实现碳达峰、2060年实现碳中和。2021年全国"两会"，"碳达峰""碳中和"被首次写入政府工作报告，成为公众讨论的"热词"。

如何向中国公众解释"碳达峰"和"碳中和"这两个专业名词呢?

对于碳达峰，马军认为可以理解为二氧化碳的排放量达到了一个最高值，"然后进入一个下降的过程，虽然仍可能波动，但只要后面的排放不超过最高值，就完成了碳达峰"。

"碳中和的意思就是咱们人类活动所排放的以二氧化碳为主的温室气体经大幅减排后，余下部分能够通过自然的解决方案，或者一些负碳技术，得到有效清除和控制"。马军如此解释碳中和。

在早年研究环境问题的过程中，马军深深地意识到环境问题事关公众利益和福祉，"而中国面临的这些环境问题、环境挑战必须有公众的广泛参与才能得到解决"。

具体怎么参与其中呢？马军提倡公众首先要从自身做起，"因为很大一部分碳排放就来自大家的一些日常行为"。

而绿色出行、绿色消费、节约资源等环保行为，在马军看来是我们作为个人应该做到的。

"其次，我们的很多政策实际上也需要得到公众的支持"。马军举例，在当年雾霾比较严重的时候，数以百万计的公众通过社交媒体表达了对蓝天的渴望。

从监测和发布PM2.5，到实施大气污染治理的行动计划，再到开启蓝天保卫战，正是公众的清晰表达，推动政策发生了重大的转变。

"经过2013年到2020年的治理，咱们北京的 PM2.5年均浓度从89.5微克/立方米降到了38微克/立方米，这背后就有公众巨大的推动作用"。马军情不自禁地竖起大拇指为公众"点赞"。

除此之外，马军还希望公众可以起到监督企业的作用，"因为目前最大的碳排放源还是能源供应和工业制造等产业"。

做撬动各方行动的杠杆

除了接受公众监督，对于企业自身如何为碳达峰、碳中和做出贡献，马军也给出了他的建议：首先要形成对这个问题的正确认识并且重视它。"要形成自己的一个顶层设计，制定相关的政策并构建管理体系"。马军解释道。"然后在这个基础上企业需要做好碳核算，摸清'家底'，继而设定为外界所认可的减排目标，然后基于目标选择有效的减排路径，并通过进一步的核算和披露确认减排效果"。

在马军看来，不仅火电、钢铁等大排放源的企业需要积极行动，所有企业都有自身需要做的工作。

"大量采购这些企业产品的下游厂商，也需要通过绿色供应链的工作迈向碳中和"。马军表示，"包括咱们的金融企业，也要践行绿色金融、可持续金融。这些概念现在在国际上非常热，中国7个部委也在努力推进"。

公众环境研究中心也提供了相应服务，助推企业实现绿色转型，其官方网站显示的基础服务项目就包括绿色供应链和绿色金融。

绿色供应链即通过绿色经济手段，促进国内外大型品牌关注供应链的环境表现，用绿色采购带动绿色生产，将环境信息更有效地转化为大规模的污染减排。

绿色金融即汇聚多方信息和研发分析工具，借助上市公司、银行等金融机构的力量影响相关企业，促使其加大环保力度。

马军所在的公众环境研究中心希望能成为串联起上述行动主体的纽带，将公众的力量注入环境监督和环境保护中去，助力政府、企业、NGO等主体形成合力。

"作为第三方我们有自己的使命，首先要做到的就是明确和汇总数据，让各方都能够便捷地获取它。"马军表示。

自2006年6月成立以来，公众环境研究中心致力于收集、整理和分析政府和企业公开的环境信息。官网显示其全面收录了31个省、337个地级市政府发布的环境质量、污染排放和污染源监管记录，以及企业基于相关法规和企业社会责任要求所做的强制或自愿披露信息。

"我们搭建了环境信息数据库和蔚蓝地图网站、蔚蓝地图APP两个应用平台"。马军介绍道，"在这上面公众也可以查到所在省市的二氧化碳排放情况，包括一些重点企业的温室气体排放情况"。

放眼国际，目前已有很多国家做出碳中和承诺，截至2020年10月，碳中和承诺国达到127个。马军认为这些国家已经积累了很多先行经验，值得我们借鉴。

"比如我们即将启动的碳市场就可以向欧盟的碳交易'取取经'"，马军举例，"而中国运用信息化、数字化的方式推进污染减排也形成了自己的良好实践，后续有望大幅提高温室气体核算和管控的效率，这些经验也希望能和世界各国分享"。

接下来，公众环境研究中心也将继续发挥自身优势，运用大数据、人工智能、万物互联、区块链等新技术，"用数字化的方式推动碳达峰和碳中和的工作，为环境保护和绿色发展贡献我们的智慧和力量"。马军说道。

来源：《南方周末》
作者：赵明鑫　李新荣

用绿色金融手段推动绿色建筑发展

田　明

中国碳中和50人论坛成员

房地产行业绿色供应链推进委员会主任

中国城市科学研究会绿色建筑与绿色金融专业学组主任

朗诗控股集团董事长

实现"双碳"目标，哪里是节能减排的主战场？

从生产端看，国家电网公司2021年3月发布的"碳达峰、碳中和"行动方案显示，能源燃烧是我国主要的二氧化碳排放源，占全部二氧化碳排放的88%左右，电力行业排放约占能源行业排放的41%，减排任务很重。

但一些人士认为，从需求端看，建筑行业和房地产才是重兵战场。中国气候变化特使、国家发展和改革委员会原副主任解振华在2021年5月举行的第十七届国际绿色建筑与建筑节能大会上强调，建筑业整体产生的碳排放占中国社会总碳排放量的40%。

如何看待这两种不同的观点？该以什么样的路径实现建筑业的绿色发展？房地产行业绿色供应链推进委员会主任、朗诗控股集团董事长田明在接受记者采访时提出，建筑业节能减碳应该做好两件事，一是推动供应链绿色化，二是实现自身高效运维。

问：目前市场上的碳排放统计数据差别很大，您认可的数据是哪一份？根据是什么？

田明：关于房地产对碳排放的贡献，我认为有两个数字是切合实际的：40%和51%。前者是解振华特使曾经在多个场合提到的，这也和国际能源署的统计数字基本一致。后者来源于2021年发布的《中国建筑能耗研究报告》：以2018年为例，中国建筑全过程碳排放总量为49.3亿吨标准煤，占全国碳排放量的51.3%。这两个数字的不同，可能是因为对新型建筑材料的统计口径有所差别，但结果都显示建筑业是碳排放量的"第一大户"。

问：您提到的是需求端的数据。但是从生产端来看，电力行业才是最主要的二氧化碳排放源。所以有一种观点认为，能源是主战场、电力是主力军，您认同吗？

田明：这确实是两种不同的统计方式：需求端和生产端。为什么从需求端看，建筑行业的碳排放量会这么大？这是因为钢铁、水泥、建材、平板玻璃等高耗能的产品，最终都应用于建筑行业。同时，在建筑运维的过程中，消耗了大量电力。我认为，抓需求端才是根本，因为有需求才有生产，这是经济生活的规律。比如，房地产开发商准备建造一栋房子，它的建筑节能设计标准是75%，建筑材料和设备就要达到对应的温度、湿度、光和电等方面的标准。所有这些都是由需求方确定的，上游只是被采购的一方而已。如果需求方没有这个需求，或者提出了新的要求，上游还会照旧生产吗？

问：房地产、建筑行业的减碳点究竟在哪里？是否既包括存量，也包括增量？

田明：是的。让我们回到《中国建筑能耗研究报告》的数据：全国建筑全过程碳排放总量占全国碳排放的比例是51.3%。其中，建材生产阶段占比28.3%，建筑运行阶段占比21.9%。这反映出减碳的两条路径：一是向上管理供应链，二是自身实现高效运维。在推动供应链绿色化、减少上游生产环节的碳排放和污染方面，房地产开发商是一个资源整合者，小到一块砖、一块玻璃，全是买来的，他在采购的时候可以向供应商提要求，说一定要控制碳排，否则我就不买了。这可以起到四两拨千斤的作用。

问：等于把经济成本转移到了上游，阻力大吗？

田明：会有一定的成本转移，因为它要合乎规范、保护环境。生产建筑材料，不能再消耗大量的能源，不能再产生大量的碳排，不能再危害人的健康，那么就要做出改变，这种改变是必需的。供应商需要优胜劣汰，而不是劣币驱逐良币。同时，钢铁、水泥、平板玻璃等建筑材料一直产能过剩、供大于求，所以，房地产开发商完全有能力做这件事。

问：即便上游的议价空间有限，这个成本最终还是会被转移到消费者身上。他们愿意选择成本更高的建筑吗？

田明：从欧美等国家的情况来看，人们普遍倾向于住一个可持续的建筑，这是大的趋势。从国内情况来看，大城市的房子每平方米几万元，这里面贵的是脚下的那块地，建筑本身没那么贵。比如朗诗开发的房子，一平方米只是增加了几百元的成本，但是居民却获得了更舒适的居住体验。孰轻孰重？对于消费者来说，这笔账很好算。高房价的城市尤其如此。

问：您刚才说到减碳的第二条路径——高效运维是指什么？

田明：选择高效能、智能化的设备系统。比如房间明明没有人了，为什么灯还亮着？智能化的新风系统就可以规避这个问题。再有，增加清洁能源的使用，比如装设光伏玻璃。目前，中国的能源结构六成左右还是煤电，所以节能是一个必然的要求。

问：除了业主自身的选择外，这还需要房地产开发商的配合。据您观察，他们对此是什么态度？

田明：当然很难，这是要房地产开发商去革自己的命，比向上管理供应链要更难。如果没有经济的驱动、政策的调节，他们很难走到这条路上。但是我们看到，全国城乡有那么多的建筑，它们的设备效能又很低，每天都在不停地消耗能源。城市化进程还在继续，新的建筑层出不穷。如果这么大规模的碳排放没有得到有效管控，中国2030年碳达峰的目标很可能受制于房地产和建筑行业而无法实现。所以，这不是一个可选项，而是一道必答题。

问：谁来回答这道题？他需要做什么？

田明：一定要靠外力驱动，政府需要制定奖惩机制。一方面，要提高准入门槛，达不到这条及格线就过不去。另一方面，谁做得好就奖励谁，谁做得不好就惩罚谁。现在，节能建筑和非节能建筑是"一刀切"的，无论是拿地成本还是房价管控都没有区别开，没有弹性空间。这时候房地产开发商就是在比谁能用更少的钱把房子盖出来，结果显而易见。

问：我注意到，中国城市科学研究会5月成立了绿色建筑与绿色金融专业学组，您的另一个身份是这个学组的主任委员。在您看来，目前绿色金融能够有力支持绿色建筑的发展吗？

田明：政府在每次发文的时候都提到了绿色金融，很多金融企业都提出自己有多少投项要投在绿色环保项目上。但是绿色建筑和绿色金融还没有找到一个好的结合点。原因在于，建筑专业的人不懂金融，金融专业的人不懂建筑。金融机构没有办法评估哪一个是绿色节能的建筑，风险和收益也无从计算。所以我们想要做的一件事是，寻找一种方式量化建筑行业的碳排放。毕竟只有统一碳计算方法，才能有后续的碳交易和碳资产。全球的碳交易市场中并没有广为接受的关于建筑的碳计算方法，也没有相应的计算规则。

问：原因出在哪里？方案是什么？

田明：一方面，国内缺乏具有普遍性的、在"双碳"目标下适应"双碳"新要求的、完整的计量体系。另一方面，建筑是一个非标准化产品，在不同的气候条件下需要满足不同的用途，外观表现、内部结构也都有差别，所以每一个建筑都是独一无二的，很难用统一的标准去判断。我们在考察了西方国家的做法后，找到一个替代性的解决办法：设立建筑能效标识体系。让所有的建筑，包括公用建筑和民用建筑全部由可信的第三方进行能效评价，就像冰箱、汽车一样贴上能效标识，节能率如何、能效如何一目了然。有了这个能效标识，政策制定者就可以据此调节贷款利息、税收、电价等，让建筑建造方和消费方自动选择节能减排。

作者：马晨晨

实现"双碳"目标需要用政府资金引导市场转型

冯俏彬 | 中国碳中和50人论坛特邀研究员
国务院发展研究中心宏观经济研究部副部长

我国明确提出2030年"碳达峰"与2060年"碳中和"的目标,这是党中央经过深思熟虑做出的重大战略决策,体现了中国在应对全球气候变化上的大国担当、对未来世界发展方向的远见,以及对中国绿色转型的战略自信。

关于碳交易、碳税等相关经济问题,《中关村》杂志专访了国务院发展研究中心宏观经济研究部副部长冯俏彬。

冯俏彬回忆,早在2010年前后,我国就对"低碳发展"进行过一系列研究,所以2020年提出的2030年前实现"碳达峰"、2060年前实现"碳中和"的目标经历了比较充分的前期研究。"双碳"目标的提出,表明了我国引领和参与全球气候治理和绿色转型的决心,也意味着我国经济结构、产业结构以及广大群众的生活方式将被重新塑造。

但是实现"双碳"目标道阻且长。冯俏彬分析,从发展阶段上,发达国家从碳达峰到碳中和基本需要40~70年,而中国只有30年左右的时间。

从资源禀赋上，在中国的一次能源结构中，化石燃料占比约85%，转型可谓不易。而降低碳排放所需的一些新技术如碳捕获、收集和封存技术，更是需要加强研究。实现"双碳"目标需要巨量的资金投入。

"目前各个机构测算出来实现'双碳'目标需要的资金投入是非常高的，最高达到160多万亿元，相当于我国十年的财政总收入"。冯俏彬表示，推进"双碳"目标的实现，需要政府和市场"两只手"共同发力，各方互相协同。但即使按财政投入只占总投入的10%计算，也需要十多万亿元的支出，操作上不可能"毕其功于一役"。可以将每年支持"双碳"目标的财政支出分解到中长期预算中，以保证财政资金的持续投入。

从"碳达峰"到"碳中和"的过程，伴随着全社会经济结构和生产生活方式的转型，单纯靠政府资金的投入或某一个群体的投入是无法完成的。作为宏观经济的研究者，冯俏彬认为，国家财政资金的投入重点需要放在清洁能源技术的基础研发、能源基础设施建设以及对重点行业和重点区域的扶持上。此外，财政资金投入的另一个重点是对市场进行引导，即通过合适的方式对传统化石能源的使用压一压，对清洁能源的使用抬一抬，通过一压一抬，引导经济结构和市场的转型。

全国碳排放权交易市场于2021年7月底正式启动上线交易。那么备受瞩目的碳税何时开征？冯俏彬介绍，与碳交易相匹配的碳税正在研究阶段。一般情况下，碳交易与碳税可以互为补充。目前，北欧国家、日本等已经开征碳税，我国自2010年前后就开始研究碳税制度，所以征收碳税既有国际经验可循，也有相当的研究基础，但是否开征还需要更深入的研究。冯俏彬预测，即便未来开征碳税，在将来很长时间内，也将是碳税与碳交易并行，二者相辅相成。

实现"双碳"目标的核心是能源的转型。冯俏彬预测，我国在2030年实现碳达峰后，经济体系和产业结构如果能实现70%的脱碳，就可以达到低碳的标准。但从低碳到零碳是非常困难的，且成本会一下子上升很多，包括经济成本、社会成本、沉没成本等。在实现碳中和目标的过程中，传统能源领域将面临着严峻挑战，尤其是以传统能源经济为基础的省份的转型之路将有很多高山需要翻越。

目前，人类在利用清洁能源方面刚刚迈出了很小的一步，在实现"双碳"目标的过程中，还将催生很多新兴产业、新的投资机会。冯俏彬说："实现'双碳'目标并不是一朝一夕能完成的，它需要我们做好长期发展规划，以及面对万难的心理准备，放平心态，尊重科学，尊重规律，切忌头脑发热、一哄而起。一定要重视循序渐进、长期稳定发展的规律。"

采访时，记者看到冯俏彬办公桌上有一本比尔·盖茨的书——《气候经济与人类未来》，书中写道：比尔·盖茨的私人飞机使用的清洁能源比普通能源要贵一倍，但他依然坚持常年使用清洁能源，减少碳排放。可见实现"双碳"目标需要全社会所有人、所有行业、所有部门、所有地区共同努力。

来源：《中关村》

作者：王晓娟　白玉杰

在发展与保护中寻找平衡点

张　立｜中国碳中和50人论坛秘书长
北京师范大学生态学教授
北京市企业家环保基金会秘书长

发展与保护的关系，常常引发讨论，不少人将之看成一对不可调和的矛盾。但北京市企业家环保基金会秘书长张立认为，在发展与保护之间可以找到一个平衡点，需要国家、组织、公众共同努力。

不同地区面临着不同的环保挑战。每一个环保人士都致力于找到适合当地自然环境和资源条件的发展模式，把人类发展过程中对自然环境的破坏和影响降到最低。

"从天人合一、生态文明的角度出发，有目的地约束人类的过度发展。"这是北京市企业家环保基金会（以下简称SEE基金会）秘书长张立所理解的绿色环保。

张立感叹："很多人认为碳中和目标是国家的承诺，是政府的事情，但实际上它跟我们每个人的生活都息息相关。"

既发展又保护，寻找平衡点

"1996年的一次活动，真正地让我加入到环保中去，决定了我的未来。"张立回忆起自己参与绿色环保事业的年限，才惊觉已经20余年了。

"当时我们有个活动叫大学生绿色营，全国30多所高校的学生一起去白马雪山进行调研，探索如何保护滇金丝猴"。

通过对白马雪山生态环境、经济发展的调研，张立发现，野生动物物种丰富的区域，往往就是那些欠发达、比较贫困的地区。地理、交通等因素的限制，使部分地区发展水平有限，这些地区就成为野生动植物最后的栖息地。

张立提出了这样一个现实："对于保护与发展，实际上一直以来人们都认为是一对矛盾，后来甚至开始认为其间存在一个不可逾越的鸿沟。"

"当地社区老百姓有一种发展的急迫需求，但野生动植物物种的生存需要远离人为活动和人为干扰"，张立具体解释道，"这就体现了保护和发展的矛盾"。

工业革命以后，"生物多样性下降""地球资源枯竭""气候危机"等词语频频出现在大众视野中。

"这些都是片面强调发展带来的负面影响"，张立表示，"在发展的同时，要考虑到对自身生存的环境以及其他地球生物的影响"。

但他也肯定了发展的必要："做环保工作的人一般都是反对发展，但是发展本身又是人类社会不断进步的一个重要推动力。"

对此，张立反复提到一个观点——寻找保护与发展之间的平衡点。

2004年我国开始筹备"绿色奥运"，北京黄沙漫天的状况急需改善。以刘晓光为代表的67个有责任感的企业家集聚内蒙古，他们希望能够为荒漠化防治贡献力量，建立了阿拉善SEE生态协会。2008年，阿拉善SEE发起成立北京市企业家环保基金会。

"我们是以企业家为主体组成的基金会，实际上很多企业家对于发展的机会是很敏感的"，张立谈道，"但在这个过程中，企业家们也明确看到了保护的重要性"。

张立认为，在他投身环保工作的这20余年中，我国在绿色环保方面的变化是显而易见的，尤其是国家政策方面。

"我们1996年去白马雪山的时候，那里依赖的还是'木头财政'。县里面90%的财产收入都是靠伐木获得的"，张立回忆道，"当时的国家政策中并没有像现在这么多的天然林保护工程"。

张立认为，1998年国家便开始了对生态环保的重视。

近些年来，我国出台了资源保护工程、生态补偿等政策，2005年更提出了"绿水青山就是金山银山"的理念。

"这些实际上都标志着我们对环境保护越来越重视了。"张立表示。

2021年4月，中共中央办公厅、国务院办公厅印发了《关于建立健全生态产品价值实现机制的意见》。

生态产品价值实现机制的建立说明，生态系统是有价值的，而且其价值是可以评估的。张立进一步提出："一个健康完善的生态系统能够为社会经济发展提供一个持续稳定的基础。"

2021年5月，《中国绿色时报》报道：20世纪60年代至今，我国先后建立大熊猫自然保护区67个，大熊猫国家公园总面积达27134平方公里。

对于国家在大熊猫保护方面进行的投入，张立表示，"有人质疑这是资源浪费"。

实际上，大熊猫保护区也产生了许多可衡量的收益，包括林业碳汇、旅游收益、农业的水土保持和淡水资源保护等。

"以2010年为基准，我国在大熊猫保护上的投入一年近2.55亿美元，但它大概可以产出18.99亿美元生态系统服务价值"，张立摆出了一组数据，"这还不包括衍生出来的文化服务价值"。

"人们在发展了以后才来考虑保护的问题，实际上付出了巨大的代价。因此我觉得不能把保护和发展作为一个矛盾体，而是需要寻找一个平衡点"。张立总结道。

从现在到未来，迎战碳中和

一亿棵梭梭、卫蓝侠、绿色供应链、创绿家……这些都是SEE基金会官网上列出的环保项目。从项目介绍到项目进展，相关信息都清晰可见。

2021年5月1日，SEE基金会"一亿棵梭梭"项目的春种计划在内蒙古阿拉善结束。"每个人平均种10棵树，来抵消生活中的一部分碳排放。"

SEE基金会官网显示，从2014年起，"一亿棵梭梭"项目共计划用10年时间，种植200万亩以梭梭为代表的固沙植物来防止荒漠蔓延，并助力"碳中和"目标的实现。

"我们到现在已经完成了75%左右，在未来还会继续向目标前进"。

2021年10月，《生物多样性公约》缔约方大会将在昆明召开，再次将环保的重点集中于物种保护。而SEE基金会的生物多样性保护项目也在全国继续推进，涉及物种包括绿孔雀、亚洲象、长江江豚等。

此外，在即将到来的"六五环境日"，SEE基金会与北京市园林绿化局以及相关政府部门进行沟通，准备在北京西山推出"零碳音乐会"，向公众发出警示和号召。

"实际上在我们日常生活中，大家可以通过各种形式来实现生活排放的碳中和。"张立表示。

谈到SEE基金会的未来方向时，张立表示："企业家投身绿色环保事业具有某些方面的优势，他们往往能够更敏锐地看到'双碳'目标带来的机遇和挑战。"

"比如SEE基金会的会员有很多都是房地产方面的企业家"，张立举例道，"所以我们在2016年启动了中国房地产绿色供应链项目"。

"中国房地产绿色供应链"项目联合了多家企业、行业协会、技术机构等，对高污染高排放的建筑材料、木制品里的甲醛含量、保温材料里的致癌物质等进行控制，将污染物排放合规的产品列入"白名单"。

"自2016年6月发起至2020年末，已有100家房地产企业加入，共推出10个品类的绿色采购行动方案和'白名单'，'白名单'企业共有3841家"。这是SEE基金会官网上公布的数据，将项目成果清晰地摆在了公众面前。

"中国的房地产建筑业能占到全球碳排放的8%~12%，规模总量还是很大的"。张立谈道，"如果整个建筑行业都能加入到绿色供应链行动里，对国家的碳减排目标的实现是一个巨大贡献"。

张立还介绍道："2021年'六五环境日'我们还要推出'绿名单'，优先采购已制定了二氧化碳减排目标的企业的产品。"

这些都是SEE基金会为污染物减排和碳减排所做的努力，也可以更好地配合国家"碳达峰""碳中和"目标的实现。

张立说道，"务必要加速推动科技向生产力的转化，这是碳中和目标实现过程中的第一个挑战"。很多新能源技术、环保技术可能已经在实验室里实现，但并没有快速地运用到生产和日常生活中。

此外，张立还提出了许多其他挑战：全国碳市场的交易刚刚起步、减排市场的注册处于停滞状态、相应的制度体系建设不完善、许多企业尚未有明确的减排策略、公众参与仍然十分有限……

目标的提出是前进的第一步，但实现目标需要多方努力。"双碳"目标的实现，还有一段较长的路要走。

从国家到公众，绿色深入生活

公众是碳中和目标实现过程中必不可少的一方。"只有公众都认识到了绿色环保的重要性，很多事情才好推动。"

张立认为，"碳达峰""碳中和"目标的提出，对不同层面的组织与个人都有非凡的意义。对于国家，这是对全世界的一个郑重承诺；对于企业，它带来未来发展的机遇与挑战；对于个人，它让每个人都开始思考自己能做什么。

对此，张立表示："每人都有一个碳账户，我们自己也可以算一下，如何在生活中减少碳排放。"

从随手乱丢到如今的垃圾分类，从塑料垃圾成堆到限塑令的推出，这些都是国家为绿色环保做出的行动，而这些行动，影响公众生活的方方面面。

"随手习惯的改变，是能够有很多收获的"。

张立举例道："我们在办公室实施垃圾分类，刚开始大家都不习惯，觉得不方便。但是通过一段时间的坚持，大家就会养成垃圾分类的习惯"。

"而且每年可以用可回收垃圾换一些经费，给大家买水果、过生日等，大家都是看得到的"。

张立还谈道："外卖点餐我们也尽量使用可降解的餐具，同时大家在点餐的时候也开始意识到选择环保的包装。"

"每一个人如果都能够多约束自己，就能够使环境变得更好。"张立表示，绿色环保的理念和行动应贯穿每个人的生活，不仅需要国家政策的号召，也需要环保工作者、公众自身意愿等方面的推动。

"不论是否从事环保工作，每个普通的老百姓都能够通过环保让自己的生活更便利。"张立这样形容绿色环保深入公众生活的原因。

他举例说："现在很多人家里都选择安装节能灯，这既节省开支，也为环保做了贡献。"

而专业的环境保护工作者，也需要考虑如何使保护项目得到推广、得到老百姓的支持。

"比如我们的生物多样性保护项目，我觉得更重要的是，通过建立公益保护地的模式，让公众参与到公益保护地的建设中来，为国家的保护地体系做一个更好的补充。"张立表示，"这是我们未来几年的努力方向"。

我国的国家公园建设、自然保护区建设都已经发展多年，形成了一定规模。

但是，张立提道："新的《野生动物保护法》里提到，野生动物基地的保护也十分重要。很多野生动物基地可能都处于保护区之外或者保护区边缘。"

在保护区之外或边缘地区的野生动物基地，往往面临着与人类社会经济生产和其他人类活动紧密联系的状况。"所以需要建立这种公益保护地，也就是刚才说的寻找到使保护和发展协调、平衡的手段。"

那么，如何使项目得到老百姓的支持？

"当百姓从保护自然中获益，便会更愿意支持自然保护，在发展的过程中也做好保护工作，这就是保护和发展的融合。"张立表示，"我们需要不断结合当地实际情况，来实现更好的发展"。

"一亿棵梭梭"项目便是SEE基金会探索的一条保护与发展融合的道路。在种植梭梭树的同时，嫁接中药材——肉苁蓉，使当地居民通过肉苁蓉获得收益，积极支持这一保护项目。

"公众应该更多地思考如何通过我们每一个人的努力，积少成多，应对我们所面临的环境挑战。"这是张立希望向公众传达的话。

来源：《南方周末》
作者：赵明鑫

政策与建议

应对气候变化：基于自然的解决方案

章新胜 | 中国碳中和 50 人论坛联席主席
世界自然保护联盟 IUCN 总裁兼理事会主席
教育部原副部长

习近平总书记有关"两碳"问题的重要讲话像灯塔一样指明方向，全国上下官、产、学、媒、民各界都已行动起来。2030年碳达峰、2060年碳中和——中国作为新兴经济体和全球第二大经济体的首先表态，在世界引起广泛关注。在全球变暖的影响下，林草生长规律被打破，动物栖息地发生变化，植物生长周期发生变化，进而影响动物的食物链和迁移规律，甚至导致物种灭绝，干燥造成的森林大火、海洋酸化等灾害问题丛生。气候变化对林草资源、野生动物生存的影响带来管理的新视角：需要有更大尺度、更长周期、更系统的方案来解决碳达峰与碳中和过程中自然生态的问题。

对政策策略和关键举措的决策而言，这不仅是重大机遇，更是严峻挑战。从现在算起，仅有8年多的时间就要碳达峰。其间，要绕过很多"急流""险滩"和"暗礁"。但是，我们又必须兑现中国的承诺。因此，如何冷静思考，智慧选择政策和战略，就成为亟须面对的课题。

"两手硬"的中国战略

客观而言，在"两碳"相关问题上，中国已经在工程、技术，乃至经济、战术等层面研究得较为充分，而且各方面都很重视。我国首创包括"生态文明"在内的"五位一体"的国家发展战略，超越了联合国"2030议程"中提出的"三位一体"，后者回避了很重要的两大领域，即文化价值、道德伦理和政治改革、全球治理。此外，《巴黎协定》气候变化的路径是由西方首先提出并主导设计的，中国是以应对为主，实现碳达峰和碳中和。因此，我国在战略选择上加强了思考，特别是党的十九大提出了走向生态文明新时代的任务。

国家主席习近平在2021年4月16日举行的中法德领导人视频峰会上指出，中国已将碳达峰、碳中和纳入生态文明建设整体布局。这是新时代中国对"两碳"路径的战略选择。众所周知，生态文明的内涵是人类需应对自然生态保护和人的发展的两难选择。简而言之，生态文明是人类文明演进的必然结果，是不以人的意志为转移的。自中国首先提出，并且完全接受会有政治等因素阻碍生态文明理念以来，西方国家已逐渐能够接受生态文明理念不仅仅是可持续发展理念。因此，中国的战略选择既要重视以西方为主首先提出的设置在《巴黎协定》中的有关碳达峰和碳中和的标准、规则和路径，也要重视中国将碳达峰和碳中和纳入生态文明总体布局的创举，即重视生态为本的战略。因此，要"两手抓，两条腿走路"。

中国发展需要转型。这一真正的转型是百年未遇的，首先要确定指导思想和价值取向。西方自文艺复兴开始提出"以人为本"的价值理念，而中国要真正贯彻碳达峰目标，不仅要落实可持续发展"2030议程"，更要在生态文明思想指引下，在指导思想和价值理念上，将"以人为本"改为"以生态为本，以人为中心"。如果没有地球生态系统的承载力和陆域—海域一体化地球生态系统的完整性和多样性的修复、恢复和重建，即使实现碳达峰和碳中和目标，也难以实现将地球温升控制在工业化前的2℃以内，遑论西方国家大造声势提出的控制在1.5℃以内。不仅如此，西方近期又在生物多样性领域提出了"两个30%"——国土面积和海洋面积都要保护至30%。我们不能总是忙于应对，要主动思考、主动行动。

目前而言，实现碳达峰和碳中和主要取决于能源结构，包括制造业、交通运输业、建筑业等的能源构成。调整电力能源是当务之急，这是毫无疑问的。体量统计显示，二氧化碳排放主要来自电力。具体而言，热电生产占比51%，工业占比28%，交通占比10%，三产共计占比近90%。中国自从实施"退耕还林"政策以来，在西北地区实行基于自然的解决方案，2019年9月，在联合国首脑会议上获得极度认同，并携于新西兰向峰会提交了"基于自然的解决方案"的提案，这也是中国首次担任气候领导的角色。在这一问题上如何另辟蹊径，中国需要从战略上加以思考。中国毕竟是制造业大国，对于工业链、产业链、供应链等，如果完全按照西方的路径、标准、规则转型，那么，去工业化、实体经济泡沫化、铁锈地带等西方曾经历的沉痛教训，也会导致我国的社会震动和分裂极化。因此，我们要把握好战略路径的选择，不能在碳达峰问题上硬着陆，要在巩固和提升制造业实体经济的前提下走自己的路。

自然规律是"第一律"

所谓基于自然的解决方案，是指要有效地适应和应对包括气候变化、粮食、水安全和自然灾害等在内的社会挑战，构建为人类的福祉和生物多样性而实现可持续管理、恢复的自然和人工生态系统。欧盟有关"自然生态系统"（Natural Biological System，NBS）的定义是：受自然启发、由自然支持和仿效自然的行为，主要目标是增强可持续城市化，恢复退化的生态系统，发展与气候变化适应的环境，提高风险管理的生态恢复能力，兼具守护自然和服务社会两大属性。我们认为，这一定义具有两层含义：一方面，它与技术、工程、经济、法律法规解决方案等是平行关系，可以进行选择，而不是多数人理解的仅限于具体技术层面。另一方面，它又是一个umbrella concept（比较含糊的大概念），中文可以解释为"道法自然"。人类社会发展到今天一直是"道法自然"。当人类向自然母亲学习的时候，受她的启发和支持且顺应和保护她的时候，社会就发展了；反之，就会受到自然界的惩罚，像新冠肺炎疫情就是人类遭到自然界报复的典型例子。无论是技术方案、工程方案，还是经济方案，都不能违背大自然的规律。因为，地球总的生态系统的承载力是有极限的。总之，"千规律万规律，自然规律第一律"。

同时，基于自然的解决方案（Natural Based Solution）或者以自然为本的解决方案关注气候变化的重点，不仅是适应，还包括减缓。我们提出的解决方案，具有经济和高效双重优势，指出了一条使人类与经济协调发展的路径，有望激发各利益方、各国、地方、企业等主体针对气候变化更积极地开展行动。如果只强调中国向西方国家接近，主要依靠技术、工程和大量投入在8年左右的时间实现碳达峰，那么就容易脱离G77和"一带一路"广大国家。完全走西方的碳达峰路径，不仅不切合广大发展中国家之国情，而且与我国经济社会发展阶段也不相适应，硬攀峰、硬着陆的代价和社会震动是我们难以承受的。通过控制使用化石燃料减少温室气体排放，在森林、湿地、草原、海洋等生态系统采取基于自然的解决方案，是非常重要的。对此，过去的认识，即认为生态系统本身减碳的能力和能量是有限的，有一些偏颇。包括中国在内的一些典型的实践案例，以及世界自然保护联盟（International Union for Conservation of Nature，IUCN）制定的基于自然的解决方案的全球标准，收录了全球各种生态系统类型，从中可以看出，其减少二氧化碳的功能和作用是非常大的。联合国环境规划署（United Nations Environment Programme，UNEP）、世界自然保护联盟（IUCN）、世界自然基金会（WWF）、大自然保护协会（The Nature Conservancy，TNC）等组织都有许多研究成果。据统计，全世界范围内有每年减少100亿~120亿吨二氧化碳的潜能。因此，我们不能允许对森林湿地系统的破坏，在这一前提下进行产业结构转型和能源结构转型是非常重要的。此外，也应该看到气候变化、自然生态系统与生物多样性之间的联系。生态系统中的生物过程会导致生物量的储存，细胞除水以外，其中一半就是碳。健康的生态系统是全球重要的碳汇，且碳损失风险也较小。生物多样性比人工生态系统更稳定、更有复原力和适应性，也更能抵御外部的压力。因此，基于自然的解决方案是一举两得的。

为了自然与人类的保护行动

在研究碳达峰和碳中和问题时，一定要考虑综合效益。最终目标是人民的福祉，特别是人民的健康。新冠肺炎疫情不仅是全球性的公共卫生危机，而且造成了比2008年金融危机更大的经济损失，甚至一度对全球按下"暂停键"。这再次警示人类，如果不重视保护大自然、生态系统的完整性、原真性和生物多样性，今后几年乃至几十年，人类将"与狼共舞"。在过去的20多年间，"非典"（SARS）疫情，以及中东的MERS、禽流感和非洲的埃博拉疫情等，70%来自动物源。原因何在？就是因为人类的贪婪和无知，侵占了大量的海洋和森林湿地、保护地。我们知道，微生物是第二大生物多样性系统，病毒也属于微生物，可以存在于动物宿主中。本来，它和其宿主可以互相依存、相安无事，但当人类越来越多地把这些动物的栖息地挤占之后，就产生了"溢出效应"（spillover effect），病毒随着动物的迁移而进入人类社会。

这绝对不是危言耸听。如果在不远的将来仍不能解决人和自然的关系问题，我们今后几十年可能都要频繁面临由动物源引起的大流行性疾病及其带来的更大的破坏性局面，甚至比新冠病毒的影响还要严重。它与森林大火、洪水等自然灾害一样，是大自然给人类敲响的警钟，甚至是给人类的惩罚。与其以后后悔，不如现在改变思维，改进行动。

关于保护地，西方提出"两个30%"的标准；美国生物学家、生物多样性的创始人、哈佛大学教授爱德华·威尔逊（Edward O. Wilson）甚至提出"半球计划"，即地球上的陆地和海洋的一半面积都要保护。其实，在这个问题上的争论非常激烈。如何解决？笔者认为，采取以自然为本的解决方案，利益显然更大一些。建议西部地区和所有的保护区可以立即启动，如此，经济成本更低，稳定性更好，有效期更长，效益更广泛。但是，如何为保护地带来利益？比如，在承载"中华水塔"功能的西藏、青海、三江源广大地区，具有生态屏障作用的云南、贵州高原地区，以及较为脆弱的新生态屏障秦岭、祁连山等地区，中国长期实施生态补偿政策，用于保护这些地区，但是，这些地区还没有得到直接的回报，林下经济等只是"杯水车薪"。那么，现在我们要思考的是，主要靠生态补偿政策可持续吗？为此，笔者提出以下建议供思考、研究：

第一，要将GEP和GDP并举作为"指挥棒"。长期以来，中国发展以国内生产总值（Gross Domestic Product，GDP）为主要的"指挥棒"，而这一情况在可以预见的时期内是不可能被完全替代的。但是，就国土空间规划而言，鉴于不同生态区的功能和作用，评估生态屏障地区业绩和贡献只能以生态系统生产总值（Gross Ecosystem Product，GEP）为主。对这些地区的考核标准一律使用GDP指数是不公平的，也难以调动其积极性。因此，要改变过去来自西方的"大自然具有服务功能及一点调节功能"的片面认识，以GEP定义生态系统的生产功能（Production），这是很重要的变革。只有GEP和GDP并举，才能使具有不同天然禀赋的地区根据其不同的功能各安其位、各展其长、各得其所。

第二，西部广大地区、东部和沿海地区的保护地，对于我国的生态安全极为重要，是重要的生态屏障地区。要建立碳市场，实行碳交易，以使这些广大的生态屏障地区，森林、湿地、湖泊等各类保护区所提供的碳汇价值得以体现。

第三，要把自然资源变成自然资产，并最终变成自然资本。如果自然资本的问题不能得到突破和解决，那么"绿水青山就是金山银山"是难以实现的，也是难以持续的。

2060年中国碳中和畅想

胡山鹰
中国碳中和50人论坛特邀研究员
清华大学化学工程系生态工业研究中心主任
中国生态经济学会工业生态经济与技术专业委员会副主任委员

张臻烨 | 清华大学博士研究生

金 涌
中国碳中和50人论坛联席主席
中国工程院院士
清华大学化学工程系教授

自工业革命以来，煤炭、石油等化石燃料就成为人类生产生活最主要的能源。化石能源的大量使用在推动生产力迅速发展的同时，也导致了温室气体的大量排放，加剧了全球变暖[1]。随着温室气体排放总量的逐年增长，气候变化已引起世界各国的高度重视，"碳中和"概念被提出。碳中和，是指净碳足迹为零，即实现二氧化碳、甲烷等温室气体的净零排放。由于温室气体中以二氧化碳比重最高、温室效应最显著，所以控制二氧化碳的排放是实现碳中和目标的关键[2]。

2015年《巴黎协定》提出了在21世纪中叶实现全球碳中和的期望，包括欧盟国家在内的195个签署国家为达目标必须采取决定性举措。中国政府在第75届联合国大会上承诺：中国将提高国家自主贡献力度，碳排放力争于2030年前达峰，努力争取2060年前实现碳中和，充分体现了大国担当。然而我国作为现阶段第一大能源消费国与第一大碳排放国，距离碳中和目标仅剩40年，从碳达峰到碳中和更是只有短短30年的时间，实现碳中和必将是一个巨大的挑战。我国将如何实现碳中和？实现碳中和后，我国社会将会发生怎样的变化？我们不妨对2060年作一个大胆的、全面的畅想。

一、能耗总量下降

根据陈霞等的预测模型[3]，我国2060年人口总量与现阶段基本持平，约为14.6亿。而根据《宏观经济蓝皮书》的预测，我国2050年人均GDP将达到4.1万美元，假定2050—2060年人均GDP增速为2%，则2060年我国人均GDP将突破5万美元大关，已达到现阶段发达国家水平。与此同时，现阶段我国经济发展对能源的依赖度仍然较高，根据《中华人民共和国国民经济和社会发展统计公报》，2019年中国万元GDP能耗为0.54吨标准煤，同年世界平均万元GDP能耗为0.23吨标准煤，发达国家为0.1~0.2吨标准煤，2019年中国社会能源消费总量为48.6亿吨标准煤，若2060年我国万元GDP能耗减少至0.05~0.1吨标准煤，则社会总能耗相较于现阶段将有所下降，在最乐观的情况下，能耗总量将下降一半以上。

二、能耗"减自何方"

工业、建筑、交通是化石能源最主要的消费领域，也是降低能耗的重点对象（见图1）。

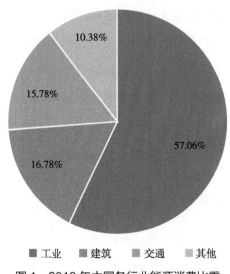

图1　2018年中国各行业能源消费比重

资料来源：国际能源署。

（1）工业

工业是最主要的耗能领域，其中，又以钢铁、建材、石化、化工、有色、电力等六大产业耗能最大、排放最多。根据国家统计局发布的有关数据，2019年我国钢材产量12亿吨，吨钢综合能耗为560千克标准煤，水泥产量23.5亿吨，每吨水泥综合能耗为135千克标准煤；2017年我国石化行业能源消费总量2.4亿吨标准煤，化工行业能源消费总量4.9亿吨标准煤，有色金属冶炼及压延加工业能源消费总量2.3亿吨标准煤，电力与热力供应行业能源消费总量2.9亿吨标准煤。工业能源消费总量大，且对煤、石油等化石能源的依赖度高，是我国节能减排的重中之重。

工业节能需从产业结构与技术两方面下手。一方面，推动传统资源密集型低端产业、重工业向高端制造业、高技术产业发展，减少对钢铁、水泥等高能耗产品的需求，刺激对高端工业品、服务和绿色环保产品的需求的增长。以水泥产业为例，2019年美国人均水泥产量0.27吨，同年我国人均水泥产量1.69吨，是现阶段美国的6倍，有巨大的下降空间。可以预见的是，随着我国基础建设的逐步完善，未来对于水泥的需求量将大大降低，同理，未来我国对钢铁、铝材等高能耗产品的需求也将随着社会的发展而逐渐下降，产业结构逐渐从资源密集型向技术密集型过渡，传统高能耗产业的淘汰将使工业能耗大幅降低。另一方面，以技术进步推动能源效率提高。2019年我国火电平均标准煤耗为306.7克/千瓦时，发达国家约为270克/千瓦时，基于技术的发电效率提升有望减少10%的火电碳排放，同理，能源效率提升也可使吨钢能耗、单位水泥综合能耗等进一步下降，使工业能耗大幅减少。

（2）建筑

建筑的运行能耗包含采暖、空调、照明、炊事、洗衣等的能耗，其中，采暖与空调能耗占比50%~70%，是建筑节能的重要方面。我国2017年建筑总面积643亿平方米，平均建筑运行能耗为119.9千瓦时/平方米·年，单位面积能耗大，具有很大的下降潜能。发达国家在低能耗建筑领域的经验具有一定的借鉴意义。以德国低能耗建筑技术体系为例，德国低能耗建筑分三种等级：低能耗建筑（采暖能耗为30~70千瓦时/平方米·年）、三升油建筑（采暖能耗为15~30千瓦时/平方米·年）和微能耗建筑（采暖能耗为0~15千瓦时/平方米·年）。参照德国微能耗建筑，我国建筑单位面积能耗具有约90%的下降潜能。

降低建筑单位面积能耗的技术关键在于对建筑本身做优化设计，从源头减少采暖需求。德国科学家Henrik Wings等研究表明[4]，利用保温层做好墙体和屋顶保温、采用三层及非金属框的节能窗户、控制开窗比例、有效遮阳、新风热回收等措施可在保障居住舒适度的同时，大大降低建筑运行能耗，据测算，相应手段可使目标建筑能耗从184千瓦时/平方米·年降低为44千瓦时/平方米·年。此外，相变材料在低能耗建筑领域的应用也很广泛，德国巴斯夫公司采用相变蓄热砂浆打造建筑内墙，相变温度为20℃~22℃的蓄热体在白天可吸收太阳辐射储能，在夜晚释放热量，该技术使得室内温度在不额外提供任何能源的情况下保持在最适温度22℃左右。同时，利用地热能、风能、太阳能等可再生能源也可使建筑物实现能量自给。

随着低能耗建筑技术的发展、煤气改电与旧房屋改造的推进，我国单位面积建筑运行能耗可大幅降低，预计2060年我国单位面积建筑能耗可达到现阶段国际先进水平，约为10千瓦时/平方米·年。同时随着城镇化建设的推进与公共居住空间的增加，预计2060年我国人均建筑面积约为46平方米，在此背景下，我国建筑运行总能耗相较于2017年可下降约90%。

（3）交通

我国交通主要分为铁路、公路、水路、民航等形式，目前交通对于节能减排的响应集中体现在公路运输中。部分发达国家已发布禁售燃油车的相关规定，我国减少燃油车、推进新能源车发展的有关政策也正逐步完善。根据国家统计局的数据，2019年我国汽车保有量为2.6亿辆，其中新能源车为381万辆。随着智能、共享、公共交通的完善和政策的鼓励，私家车需求必将减少，假定2060年我国人均保有汽车0.1辆且均为新能源汽车，则2060年我国新能源车保有量约为1.5亿辆，可以预见，对新能源车的庞大需求将给新能源、电池储能等产业带来巨大发展机遇与挑战。此外，随着储电技术的快速发展，航空、铁路、航海电气化也指日可待，2060年有望实现全部电气化的零碳交通[5]。

三、零碳电力供能

碳中和的实现不仅要依靠能耗总量的下降，更要依靠能源结构的改良，去煤化是我国能源结构改良的关键。而电力是人类社会最佳的二次能源，随着清洁能源和储能技术的不断发展、智能电网的不断完善，零碳电力必将逐步替代煤炭成为未来能量供应的主体。

根据国家统计局的公开数据，2019年我国人均用电0.51万千瓦时，而根据前文的预测，2060年我国能源消费总量为23.73亿~47.46亿吨标准煤，若全由电力供能，则折合用电量19.3万亿~38.6万亿千瓦时，人均用电1.3万~2.6万千瓦时，是现在的2.5~5倍。根据美国能源信息署的公开数据，2019年美国人均用电1.35万千瓦时，在此背景下，2060年我国人均用电量将达到现阶段美国水平的1~2倍，实现以电力为主导是可以期待的。

德国在"去煤化"与零碳电力系统发展方面具有较为丰富的经验，其转型路线可为我国能源结构改良提供参考。2019年德国总理默克尔在世界经济论坛年会上承诺：德国将逐渐停止以煤炭作为电力来源，并将可再生能源的发电比重从现在的38%提升至2030年的65%，随后成立的德国煤炭退出委员会宣布将在2038年前关闭所有煤炭火力发电厂。德国的"去煤化"主要包括以下五条路径：一是逐步淘汰煤炭，新燃煤发电厂和露天煤矿不再发展，现有燃煤发电厂陆续关停或改造为调峰电站；二是促进传统矿区转型，保障传统矿区的退役善后处理，推进其向高技术产区、科研机构等转型；三是大力发展分布式可再生能源与储能技术，以新能源替代传统化石能源，并结合化学储能、相变储能、机械储能等方式实现分布式规模储能；四是推动电力系统的现代化建设，以智能电网保障可再生能源替代煤炭平稳供能；五是稳定市场，解决因退煤带来的电价上涨、工人下岗等问题。

新能源的开发作为零碳电力系统发展的重中之重，已引起国际社会高度重视。以光伏、风电为代表的可再生能源技术日益精进，弃光、弃风比例不断下降，发电成本也逐渐减少[6]。根据国际可再生能源署发布的《可再生能源成本报告》，受技术进步、规模化经济、供应链竞争等影响，过去10年可再生能源发电成本急剧下降，2019年，并网大规模太阳能光伏发电成本降至0.068 美元/千瓦时，陆上和海上风电的成本分别降至0.053 美元/千瓦时和0.115 美元/千瓦时，同年火电平均发电成本约为0.05 美元/千瓦时。与此同时，可再生能源并网电价不断下降，无论从企业投资还是从人民生活角度来看，可再生能源的经济性都在不断提升，而要解决其波动性、不稳定性等问题，则需大力发展规模储能。

根据国家统计局的数据，2019年我国清洁能源消费占比为23.4%，其中可再生能源占比为15.3%。而根据国际可再生能源署的估计，2050年世界平均可再生能源消费占比将达66%，因此2060年我国基本实现零碳电力供能是可以期待的。未来分布式能源与分布式储能的结合将成为解决人类能源问题的最终方案，以天然气等化石燃料为能源的火电厂仍将保有少量规模，以满足调峰与应急需求。

四、资源化利用

（1）化石资源化利用

化石资源化利用是指诸如煤炭、石油、天然气等不再作为能源，而是作为原料或材料投入使用，并经由化学反应将其转化为非能源产品。化石资源化利用可使碳元素以化合物的形式转向下游产品而非排入大气环境，化石资源得以从能源结构中脱离，与碳排放解绑。

煤炭资源化是推动我国能源转型的重点，关键在于分质利用。将煤充分裂解得到不同等级的焦炭和大量的氢气，同时集中脱除污染物。随后，少部分焦炭仍用于供热、发电等，大部分粉焦、半焦等用作还原剂，参与二氧化碳的资源化利用，将二氧化碳还原为一氧化碳，进而通过发酵合成乙醇，乙醇通过脱水等生产乙烯、下游精酚、芳烃等精细化学品[7]；大量的氢气可用于合成氨、氢燃料电池、氢能炼钢及二氧化碳资源化利用等，按现阶段我国的燃煤消耗量计算，通过裂解每年可回收至少1.5亿吨氢气，代替当前我国0.2亿吨/年的煤制氢，该方案的落地将使制氢工业发生重大变革，也将使煤炭资源利用效率大幅提升。目前许多煤化工企业已无利可图，随着碳税政策的收紧，将加快退出市场。我国石油对外依存度的改变，绝非靠煤化工，而是大力发展可再生能源。

石油资源化利用的主要方法是通过裂解、催化裂化等手段将长链烃转化为短链烯烃、芳烃等化工产品，推动炼油化工一体化。原油直接裂解制烃产品是当前全球最前沿的石化技术，清华大学魏飞教授团队的最新成果可使原油直接裂解烃产品收率达到70%。该团队通过提高反应温度至600℃，同时提高催化剂与原油比例至大于15%，并控制催化剂与原油接触时间至小于1秒，使所得产品以烯烃、芳烃等化学品为主，化学品收率接近70%~80%，而汽油柴油产率极低[8]。随着相关技术的不断突破，原油直接裂解将使石油资源化成为石油应用的主流。

天然气资源化利用的主要途径是用作氢气原料或与二氧化碳联合进行多种化学品生产，其对环境友好、收益高，也在二氧化碳资源化利用中扮演着重要角色。

（2）二氧化碳资源化利用

已大幅减少的二氧化碳可通过植树造林、CCUS技术进行回收，然而长周期视角下，森林通过光合作用固定的碳最终仍会随着植物的腐化回归大气，只能将植树造林作为一种短期储碳手段，而不是回收二氧化碳的首选方式。对于植物固定的碳，建议通过干馏分解为可利用化学品和多孔生物碳，使之成为长效肥料、农药的载体回归土壤，提高土壤碳汇。

可以预见的是，随着新能源领域的不断发展，人类将逐渐迈进能源自由时代。在充沛能源的支持下，资源化利用是回收二氧化碳、实现碳中和最为理想的途径。二氧化碳资源化利用方式主要包括光合作用、矿化处理、化学品合成等。

光合作用是指光氧生物以光作为能量来源，利用二氧化碳和水合成碳氢化合物并释放氧气，是二氧化碳资源化利用的一种良好方式。藻类是地球上光合效率最高的生物，科学家们不断研究以工业化规模养殖藻类，固定并转化二氧化碳为生物燃料。在内蒙古，一项利用藻类固定二氧化碳并生产生物柴油的示范工程正在进行，研究者通过设计和优化反应器结构，使得藻液内二氧化碳分布更加合理，保障了藻类生长所需的良好光照环境和充足的二氧化碳供给，使得单位面积上固定的二氧化碳量提高至自然界的数十倍[9]。还有一种更为主动的方式是人工构建更高效的光合作用系统，即人工光合作用。杨培东团队构建了一套高效的生物—无机杂化的光合作用系统——纳米线/细菌混合物，利用细菌表面的人工光能捕获系统，将光能传递给细菌，将二氧化碳转化成醋酸。该系统的太阳能—化学能转化率可达3%以上[10]。二氧化碳还能作为温室气肥，起到保温、增产的作用，被广泛应用于农业生产，通过自然光合作用被固定于植物细胞中。

二氧化碳矿化处理的固碳潜能巨大，在人类目前可利用的范围内（地下15千米深），硅酸盐的储量理论上可以封存至少4万亿吨二氧化碳。快速吸收矿化已能通过化学循环的方法实现[11]，但目前尚处于实验室阶段。

通过加氢、水合等方式，二氧化碳可用于醇、烯等有机化合物的合成。近年来，二氧化碳加氢制甲醇、二氧化碳定向转化合成聚酯等生产技术日趋成熟，二氧化碳逆合成碳氢化合物的研究也已开展。未来煤炭分质利用、天然气制氢等的发展将大大丰富氢气来源，更使得二氧化碳作为化学原料潜力无穷，工业生产良性碳循环的形成将推动碳中和目标的实现与稳定。

五、2060年中国碳中和蓝图

通过对我国未来40年绿色低碳循环发展路径的系统性展望，我们绘制出了2060年中国碳中和蓝图（见图2）。该蓝图的构建遵循四个原则：

（1）以人为本

节能减排的推进不能以牺牲人们生活舒适度为代价，以人为本是建设低碳社会的基本原则。

（2）科技支撑

具有乌托邦色彩的碳中和畅想只有以科技作为支撑才能实现。从产业结构的调整，到能源效率的提升，到建筑能耗的降低，到新能源与储能技术的发展，再到化石与二氧化碳的资源化利用，科技的身影无处不在。

（3）经济可行

经济可行性是保障社会发展和保持社会减排动力的基石，对经济可行性的要求倒逼相应技术达到应有的水平，碳中和与经济增长同步进行要靠技术进步来实现。

（4）节奏合理

碳中和社会的建成不是一蹴而就的事，而是一个逐渐增速的渐变过程。从现在开始禁止或限制高排放工业的投产，并陆续关停或改造现有高排放产业，在2060年前将落后产能代谢完全，并以新兴产业替代，这是一个有规划、有节奏的长期进程。

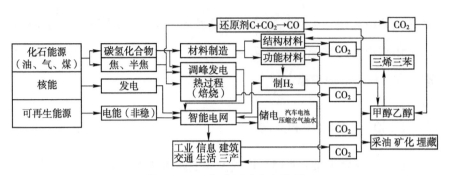

图2　2060年中国碳中和蓝图

　　2060年碳中和目标对我国既是挑战也是机遇，在推进碳中和的过程中，我国将彻底摆脱资源、能源对社会发展的束缚，彻底告别化石能源时代，迈入新能源时代、化石资源时代、循环经济时代。

参考文献

　　[1]仲云云，仲伟周.我国碳排放的区域差异及驱动因素分析——基于脱钩和三层完全分解模型的实证研究[J].财经研究，2012，38（2）：123-133.

　　[2]李春鞠，顾国维.温室效应与二氧化碳的控制[J].环境保护科学，2000（2）：13-15.

　　[3]陈霞，肖岚.Logistic模型的改进与中国人口预测[J].成都信息工程大学学报，2020，35（2）：239-243.

　　[4]卢求，Henrik Wings.德国低能耗建筑技术体系及发展趋势[J].建筑学报，2007（9）：23-27.

　　[5]Danting Lin，Lanyi Zhang，Cheng Chen，Yuying Lin，Jiankai Wang，Rongzu Qiu，Xisheng Hu. Understanding driving patterns of carbon emissions from the transport sector in China：Evidence from an analysis of panel models[J]. Clean Technologies and Environmental Policy，2019，21（6）.

［6］Amy J.C. Trappey, Charles V. Trappey, Hao Tan, Penny H.Y. Liu, Shin-Je Li, Lee-Cheng Lin. The determinants of photovoltaic system costs: An evaluation using a hierarchical learning curve model[J]. Journal of Cleaner Production, 2016（112）.

［7］王铁峰，蓝晓程，王宇，金涌.一种二氧化碳和煤炭生产含氧有机物的系统和工艺[P].申请（专利）号：202110162048.2.

［8］陈继军，魏飞.原油直接裂解烃产品收率可达70%——访清华大学教授、教育部特聘教授、北京市绿色化学反应工程和技术重点实验室主任魏飞[J].中国石油和化工产业观察，2020（9）：12-15.

［9］Shaikh A. Razzak, Mohammad M. Hossain, Rahima A. Lucky, Amarjeet S. Bassi, Hugo de Lasa. Integrated CO_2 capture, wastewater treatment and biofuel production by microalgae culturing—A review[J]. Renewable and Sustainable Energy Reviews, 2013（27）.

［10］Kelsey K. Sakimoto, Andrew Barnabas Wong, Peidong Yang. Self-photosen- sitization of nonphotosynthetic bacteria for solar-to-chemical production[J]. Science, 2016, 351（6268）.

［11］Klaus S. Lackner, Christopher H. Wendt, Darryl P. Butt, Edward L. Joyce, David H. Sharp. Carbon dioxide disposal in carbonate minerals[J]. Energy, 1995, 20（11）.

推进应对雾霾等环境威胁的长效制度建设

贾　康 | 中国碳中和 50 人论坛联席主席
华夏新供给经济学研究院院长
财政部原财政科学研究所所长

改革开放以来，中国经济社会发展取得长足进步，目前仍具有一定的"黄金发展"特征，但物质资源环境制约和人际利益关系制约互动交织而成的"矛盾凸显"，已带来潜在增长率"下台阶"和对于发展可持续性的明显压力。近年来愈演愈烈的"雾霾"问题，是我国生态环境中大气污染危害升级的突出标志。2021年在落实党的十八届三中全会精神推进财税改革过程中，把资源税"从量"变"从价"机制覆盖到煤炭，已被列入改革事项，这不仅对于我国构建现代财政制度中的地方税体系有重要意义，而且对于我国针对基础能源与环保等重大问题，形成以经济手段为主应对和化解雾霾等环境威胁的长效机制，具有全局的、长远的意义。从煤炭资源税改革切入，展开新一轮的价税财配套改革势在必行。本文仅对与之相关的认识问题，作一简要分析。

一、必须高度重视雾霾所代表的环境威胁的挑战

在我国改革开放新时期，较早已有"避免重走发达经济体先污染后治理老路"的认识，并由最高决策层明确地提出了资源节约型、环境友好型这一"两型社会建设"方针，后又提升为统领全局的"全面、协调、可持续"科学发展观，以及党的十八大以来"五位一体"建设生态文明的"国家治理现代化"治国理念。但面对当前现实我们不得不承认，出于种种原因，迄今为止我们并没有走通"避免先污染后治理"之路。2013年以来，动辄打击大半个中国且已造成"国际影响"的雾霾，实已构成十分严峻的挑战并带有环境危机特征，引起民众广泛不满和政府管理部门高度焦虑，形成了对于我国经济社会生活的现实威胁，亟待化解。

二、环境问题成因中最需注重、最为可塑的是制度机制因素

正视环境危机挑战，我们一方面需要清醒地认识到，我国消除雾霾危害这一目标的实现，还需待以时日，因为在"先污染后治理"的既成事实轨道上再来解决此种问题，已不可能一蹴而就；另一方面必须以最高重视程度，确立中长期减排治污、消除雾霾等环境危机因素的可行思路与务实的方案框架。

首先必须从"对症下药"的视角，确定雾霾愈演愈烈的成因到底是什么。关于我国雾霾等环境危机因素的细致成因分析，固然还需要展开大量的科研工作，但目前基本的判断却已形成：①我国近95%的人口聚居于仅占42%左右国土的"瑷珲—腾冲线"（亦称"胡焕庸线"）之东南方，使能源消耗、环境污染压力呈现"半壁压强型"；②我国基础能源主要依靠国内储量丰富的煤炭——受燃油国内供给明显不足等因素的制约，加之水电、核电、风电、太阳能发电发展所遇到的各种

制约，目前全国电力供应中约80%还是燃煤火电，而煤的清洁化利用难度大，大气污染等负面效应十分突出；③前面几十年我国在特定发展阶段形成了在经济起飞中以重化工业支撑的超常规粗放式外延型快速发展模式，单位GDP产出的能源消耗系数相当高，污染因素集中度高而不能得到有效化解。以上这些，可称为我国能源—环境压力方面客观存在的"三重叠加"，我们极有必要据此如实深刻认识相关环境挑战的严峻性。

除上述基本国情中有关人口分布、自然资源禀赋、发展阶段特征等基本上不可选择的因素外，还有可塑性高的制度机制因素，而在这个方面我国存在重大缺陷。也就是说，我国目前环境问题产生的一个重大原因，来自机制性的资源粗放低效耗用，它涉及煤、电、油等能源耗用相关的制度安排问题，恶化着大气、水源水流、生态环境，形成了经济、社会生活中危及人们生存质量的不良传导链条。比如：在我国一般商品比价关系和价格形成机制基本实现市场化之后，在国民经济中基础能源这一命脉层面"从煤到电"（又会传导到千千万万产品）的产业链上，一直存在着严重的比价关系与价格形成机制扭曲、非市场化状态和由此引出的"无处不打点"的乌烟瘴气的分配紊乱局面，特别是助长着粗放式、挥霍式、与节能降耗背道而驰的增长状态和消费习惯，在现实的比价关系和利益相关性的感受下，社会主体几乎都不重视节电、节水！而节电、节水，在我国实际上就是节煤降污，就是抑制和减少雾霾。

我们面对这种使发展不可持续的挑战与威胁，必须抓住可塑、可选择的机制与制度安排问题不放。下一阶段必须积极推进从资源税改革切入，逼迫电力价格和电力部门进行系统化改革，进而推动地方税体系和分税制制度建设，助益市场经济新一轮税价财联动改革。这一主题，其实过去已从若干角度被各方面所关注和议论，但还亟待依据"配套改革"概念制定可行的"路线图与时间表"。

三、依靠配套改革形成以经济手段为主的长效机制来化解"两大悖反"

现实生活中，我国存在两大悖反现象：一方面，政府反复强调科学发展、包容性可持续增长，但在部门利益、垄断利益的阻碍下步履维艰，为此，与煤、电相关的形成以经济手段为主的节能降耗长效机制的改革被一拖再拖；另一方面，公众由于对环境恶化、雾霾打击等的困扰，日益趋向"民怨沸腾"，然而一旦对资源税、环境税等进行改革，却又会因其"加税"特征引发一片反对声浪，很多人不认同这种牵动利益关系的经济调节方式。上述这种政府、民众两大方面的悖反状态，导致"科学发展""生态文明"迟迟难以落地。为此，我们必须着眼全局、前瞻长远、逻辑清晰、设想周全地搞好顶层设计，以更大决心、勇气、魄力和智慧进行改革，破解悖反，贯彻绿色发展战略，从而把中国来之不易的现代化发展势头，及仍然可能在相当长时期内释放的较高速发展和"升级版"发展的潜力，真正释放出来。

从实践角度看，节能降耗方面，以政府行政手段为主的选择式"关停并转"，虽仍然被反复强调，但其操作空间有限，仅适合为数不多的大型企业；以法规划定"准入"技术标准的"正面清单"方式，逻辑上说可以适用于中小企业，但如果以此为主进行操作，一定会产生为数众多、防不胜防的"人情因素"和设租寻租，效果亦不具备合意性。真正可靠、效应无误的转型升级出路和可充当主力的调控长效机制，是通过改革，以经济杠杆手段为主，让市场这一资源配置决定性力量充分发挥优胜劣汰作用，把真正低效、落后、过剩的产能挤出去，进而形成绿色、低碳、可持续的经济社会发展"升级版"。

四、相关配套改革的一个关键和两个要领

新一轮价税财配套改革的一大关键，是抓住我国煤炭市场价格走低的宝贵时间窗口，推出将资源税"从量"变"从价"机制覆盖到能源资源业的改革。新一轮的"价税财联动"配套改革，通过理顺我国基础能源比价关系和"冲破利益固化藩篱"，使资源、能源价格形成机制顺应市场经济，在配合地方税体系建设等财政体制深化改革任务的同时，形成法治化框架下以规范性和可预期性的经济调节手段为主的制度体系与运行机制，促使全中国现已达6000万个以上的市场主体（含微型企业和个体工商户）和近14亿居民，从自身的经济利益出发，根据市场信号和政策参数"内生地"、积极主动地节能降耗。企业会千方百计开发有利于节能降耗的工艺、技术和产品，家庭和个人会注重低碳化生活，群策群力以可持续的转型发展打造"中国经济升级版"，促使国民经济与整个社会走上一条连通"中国梦"愿景的绿色、低碳新路。而政府可做、应做之事，主要在于把握好两个要领：第一是掌握力度，于上述配套改革中使大多数企业在比价关系变化面前，经过努力可以继续发展，少数企业被淘汰出局——可酌情渐进地做多个轮次，每次出局的便是应被淘汰的"落后、过剩产能"；第二是当比价关系变化传导到最终消费品时，及时适度地提高低保标准，使最低收入阶层的实际生活水平不下降，而中等收入阶层会自觉调整消费习惯，趋向于低碳化生活。总体上，若掌握好改革的关键和两大要领，价税财联动改革就可望成功，并成为釜底抽薪式的化解雾霾等环境威胁的长效制度机制。

　　这种配套改革为当代中国迫切所需、势在必行。纵有千难万难，我们也应群策群力，攻坚克难，力求突破，这才不辜负中华民族伟大复兴的召唤，以及我们必须把握的党的十八届三中全会后以全面改革实现"国家治理现代化"的战略机遇期。

加快碳达峰顶层设计，实现碳中和绿色转型

王金南

中国碳中和 50 人论坛联席主席

中国工程院院士

生态环境部环境规划院院长

国家气候变化专家委员会委员

中国环境科学学会副理事长

过去100年，地球经历了一次显著的以变暖为主要特征的变化，并且过去十年（2010—2019年）是有史以来最热的10年。气候变化的速度与强度超出了人们的预料，成为当今影响最为深远的全球性环境问题之一。从全球平均气温升高、大范围积雪和冰川融化，以及全球平均海平面上升的观测事实可以看出，地球气候系统呈现明显变暖的趋势。这个过程中，大气中温室气体、气溶胶浓度、地表覆盖率和太阳辐射的变化都会改变气候系统的能量平衡。自1750年以来，由于人类活动，全球大气二氧化碳(CO_2)、甲烷(CH_4)和氧化亚氮(N_2O)浓度已显著增加，成为全球变暖的主要因素。

IPCC第五次评估报告（2014年）中提出为了控制2℃温升，2030年全球温室气体排放基本要等于或低于2010年的排放量，2050年排放量相对

2010年减排41%~72%；低碳电力供给(包括可再生能源、核能、CCUS)的份额将从当前的约30%增至2050年的80%以上。IPCC在2018年发布的《全球1.5℃增暖特别报告》中提出，要实现控制1.5℃温升，2030年全球人为CO_2排放量在2010年的水平上要减少40%~60%，在2050年左右达到净零；到2050年工业产生的CO_2排放量预计要比2010年减少65%~90%。

根据奥地利IIASA研究，2010—2050年全球实现2℃温控目标的每年平均投资约为2.5万亿美元，总投资为150万亿美元；如果2010—2050年全球实现1.5℃温控目标，每年平均投资约为2.8万亿美元，总投资为168万亿美元。同时，根据清华大学相关研究，中国实现2℃情景投资需求总计约127万亿元人民币，而实现1.5℃情景总投资需求将达到174万亿元人民币。

习近平主席在第75届联合国大会一般性辩论上宣布："中国将提高国家自主贡献力度，采取更加有力的政策和措施，二氧化碳排放力争于2030年前达到峰值，努力争取2060年前实现碳中和。"根据生态环境部环境规划院研究，在采取严格措施的情况下，中国二氧化碳排放有望于"十五五"中期达峰，峰值较2020年增加5亿~7亿吨。钢铁、水泥、有色等行业与建筑领域的直接排放将于"十四五"期间达峰，石化化工、煤化工与交通领域在"十五五"末期达峰，电力行业在"十五五"末、"十六五"初期进入峰值平台期。"十四五"是实现2030年前碳达峰的关键时期，"十五五"全国排放达峰后将进入3~4年的峰值平台期。为如期实现碳达峰和碳中和，中国急需进行促进碳达峰、碳中和顶层设计。

一是加快推进碳达峰、碳中和立法。近年来，中国生态文明建设方面的立法和修法突飞猛进，尤其是在污染防控和生态保护方面；但是在应对气候变化或者低碳发展领域还没有专门的全国性法律，支撑碳达峰、碳中和目标实现的法制体系薄弱、立法层级低且碎片化，无法满足中国实际工作需求。促进碳达峰、碳中和立法，不仅可以使中国应对气候变化行动的决心和原则更加明晰，也可以填补现有法律空白，以法律的强制力保障中国碳达峰、碳中和目标的实现。通过促进碳中和立法，可以赋予碳排放峰值目标、总量和强度控制制度以法律地位，明确实现碳中和的能源生产和消费技术方向，引导建立全社会绿色低碳生活方式，保障全国碳排放权交易市场的有序推进，也为政府管理部门分解落实碳减排目标、开展目标责任考核提供法律依据。

二是抓紧进行碳达峰、碳中和方案的整体设计。碳达峰与碳中和紧密相连，前者是后者的基础和前提，碳达峰时间和峰值高低直接影响碳中和实现的时长和难度；后者是对前者的紧约束，要求碳达峰行动方案必须在实现碳中和的引领下制订。按照欧盟21世纪中叶实现碳中和目标，其碳达峰至碳中和历经60年，而中国从碳达峰到碳中和仅有30年时间，因此中国面临着比发达国家时间更紧、幅度更大的减排要求。中国经济现代化、城镇化等进程远未结束，无法沿袭发达国家自然达峰和减排的模式，要在经济社会快速发展过程中实现碳达峰、碳中和，需要经历一场广泛而深刻的经济社会系统性变革。因此，要把碳达峰、碳中和纳入生态文明建设整体布局，通过碳达峰、碳中和强约束驱动经济新变革，包括生产模式、产业结构、能源供给、电力体系、能源消费和生活方式等变革。

三是构建绿色低碳循环发展的经济体系。坚持绿色低碳循环发展，全面推行节约能源政策。①依靠技术进步加快推进节能工作。节能依然是首要任务，是二氧化碳第一减排途径。将回收后的工业废物作为替代原料燃料进行循环利用能大幅减少生产过程能耗，是国际社会推动高耗能行业减耗降碳的重要手段。②全面强化物料循环回收利用体系建设。推动废钢资源回收利用,提高炼钢废钢比;推动废铝回收处理,提高废铝资源保级利用水平,大幅提高再生铝占比;综合利用固体废物开展水泥原料燃料替代,利用生活垃圾等替代水泥窑燃料,利用粉煤灰等替代石灰质原料。③加大对新建煤电项目准入和现有煤电企业发电量约束,推进煤电灵活性改造。新(扩)建工业项目不再配套建设燃煤自备电厂,电力需求全部通过电网取电满足。现有使用自备煤电的企业逐步过渡为从电网取电。进一步推动淘汰小型燃煤锅炉、民用煤炉等低效用煤设施,推进燃煤锅炉和小热电关停整合。④推动使用天然气或焦炉煤气替代煤炭生产甲醇。严格审批煤制烯烃和煤制乙二醇项目,除确需保障能源安全单列的煤化工示范项目外,原则上不再审批新的煤制油气项目。

四是建立化石能源总量控制制度。二氧化碳排放主要来自化石能源消费,因此,碳达峰和碳中和的关键是实施能源消费和能源生产革命,持之以恒减少化石能源消费,实现终端用户电气化和电力高比例零碳化。对于中国而言,煤炭是化石能源消费的主体,因此近期能源结构转型的重点在于严格控制煤炭消费。各地应制定"十四五"及中长期煤炭消费总量控制目标,确定减煤路线图,保持全国煤炭消费占比持续快速降低,大气污染防治重点区域要继续加大煤炭总量下降速度。按照集中利用、提高效率的原则,近期煤炭削减重点为加大民用散煤、燃煤锅炉、工业炉窑等用煤替代,大力实施终端能源电气化。大力加强非化石能源发展,2025年全国非化石能源在一次能源消费中的比例应不低于20%。东部地区"十四五"期间新增电力主要由区域内非化石能源发电和区域外输电满足。加快特高压输电发展,显著提高中西部地区可再生能源消纳能力。

五是建立碳排放总量控制和责任分担机制。《国民经济和社会发展第十四个五年规划和2035年远景目标纲要》提出，"实施以碳强度控制为主、碳排放总量控制为辅的制度，支持有条件的地方和重点行业、重点企业率先达到碳排放峰值"，标志着中国将从"十四五"时期开始进入碳排放强度和总量双控的新发展阶段。碳排放强度约束和总量控制都是国际上通用的环境管理手段，其中排放总量控制具有更强的约束力。一方面，实施碳排放总量控制，对地区和重点行业碳排放设定刚性减排要求，能够有效防止冲高达峰，推动分阶段稳步实现碳中和目标。另一方面，进一步强化政府在碳达峰行动中的主体责任，把二氧化碳排放控制纳入中央生态环境保护督察、党政领导综合考核内容等，加强过程评估和考核问责。

六是充分利用市场手段促进碳达峰。要充分发挥市场配置资源的决定性作用，通过价格、财税、交易等手段，引导低碳生产生活行为。以气候投融资和全国碳市场建设为主要抓手，助推碳达峰方案实施。强化财政资金引导作用，扩大气候投融资渠道，在重点行业的原辅料、燃料、生产工艺、产品等环节实施价格调控激励政策，对低碳产品在税收方面给予激励。开展全国碳市场建设和配额有偿分配制度建设，将国家核证自愿减排量纳入全国碳市场。改革环境保护税，研究制订碳税融入环境保护税方案。鼓励探索开展碳普惠工作，激发小微企业、家庭和个人的低碳行为和绿色消费理念。

七是建立碳中和工程技术创新体系。工程技术的发展是推进低碳技术应用和低碳经济发展的重要基础。在全球应对气候变化要求不断提高的大背景下，抢占低碳科技高地将是未来一段时间赢得发展先机的重要基础，因此应当将低碳科技作为国家战略科技力量的重要组成部分来大力推动。建议国家提出低碳科技发展战略，强化低碳科技研发和推广，设立低碳科技重点专项，针对低碳能源、低碳产品、低碳技术、前沿性适应气候变化技术、碳排放控制管理等开展科技创新。加强科技落地和难点问题攻关，汇聚跨部门科研团队开展重点地区和重点行业碳排放驱动因素、影响机制、减排措施、管控技术等科技攻坚。采用产学研相结合的模式推进技术创新成果转化并示范应用。

八是建立减污降碳的协同增效机制。常规大气污染物与二氧化碳排放同根、同源、同时，协同管理具有很好的理论基础。现阶段，中国的生态环境保护工作同时面临着传统污染物减排、环境质量改善和二氧化碳排放达峰等严峻挑战。国际上，美国、欧盟等主要发达经济体将温室气体排放控制纳入环境综合管理体系中，在温室气体排放监测和统计基础上，以政策评估的形式为国家决策提供支持，实现从国家层面统筹协调、统一监管、多部门共同参与的管理模式。发达国家的经验表明，常规大气污染物和温室气体协同控制正成为加强环境管理、实现低碳发展的重要举措。"十四五"期间是中国推进环境空气质量达标和二氧化碳达峰"双达"的关键阶段，虽然控制温室气体和大气污染物具有很大的协同性，但以城市尺度对大气污染物和二氧化碳进行精细化协同管控的手段仍存在不足。目前对城市碳达峰和空气质量协同关系的研究和分析较少。厘清空气质量、大气污染物排放和碳排放的精细化协同管理方式，推进实现碳排放达峰和城市空气质量达标"双达"目标，需进一步加强城市碳排放达峰和空气质量达标综合评估体系研究和应用，强化环境和气候协同治理。

九是加快形成绿色低碳消费模式和生活方式。生态文明建设同每个人息息相关，每个人都应该做践行者、推动者，要通过生态文明宣传教育，强化公民环境意识，推动形成节约适度、绿色低碳、文明健康的生活方式和消费模式，形成全社会共同参与的良好风尚。鼓励公民采取绿色低碳的生活方式。绿色低碳生活的核心内容是低污染、低消耗和低排放，以及多节约。践行绿色生态观，每一个人都要从自己做起、从现在做起，从节约电、节约水、节约油、节约气、节约钱、节约食品、节约衣物、多栽花、多植树这些生活中的点滴小事做起，有意识地调整自己的生活习惯。鼓励探索建立自愿性的个人碳收支信用体系，从影响个人的日常行为选择开始，减少温室气体排放，减少碳足迹。

综上，构建碳达峰、碳中和的顶层设计是一项系统性、长期性的工作，需要从立法、制度建设、技术创新、市场机制等角度进行完善，从而形成减碳合力。在顶层设计的过程中也应注意不同政策间的协同效应，避免浪费和重复投入，建设成本—效益最大化的碳达峰、碳中和政策体系。

参考文献

［1］Shepherd Andrew, Ivins Erik, Rignot Eric, Smith Ben, Van Den Broeke Michiel, et al. Mass balance of the Antarctic Ice Sheet from 1992 to 2017[J]. Nature, 2018, 558(7709): 219–222.

［2］Hansen James, Sato Makiko, Ruedy Reto. Perception of climate change[J]. Proceedings of the National Academy of Sciences, 2012, 109(37): E2415.

［3］Tingley Martin P., Huybers Peter. Recent temperature extremes at high northern latitudes unprecedented in the past 600 years[J]. Nature, 2013, 496(7444): 201–205.

［4］Petit J. R., Jouzel J., Raynaud D., Barkov N. I., Barnola J. M., et al. Climate and atmospheric history of the past 420,000 years from the Vostok ice core, Antarctica[J]. Nature, 1999, 399(6735): 429–436.

［5］IPCC. Climate change 2014: Synthesis report［A］//Core Writing Team, R.K. Pachauri and L.A. Meyer (eds.) Contribution of Working Groups 1, 2 and 3 to the Fifth Assessment Report of the Intergovernmental Panel on Climate Change［Z］. IPCC, Geneva, Switzerland, 2014:151 .

［6］IPCC. Global warming of 1.5℃［A］//Masson–Delmotte, V., P. Zhai, H.–O. Pörtner, D. Roberts, J. Skea, P.R. Shukla, A. Pirani, W. Moufouma–Okia, C. Péan, R. Pidcock, S. Connors, J.B.R. Matthews, Y. Chen, X. Zhou, M.I. Gomis, E. Lonnoy, T. Maycock, M. Tignor, and T. Waterfield (eds.). An IPCC Special Report on the impacts of global warming of 1.5℃ above pre-industrial levels and related global greenhouse gas emission pathways, in the context of strengthening the global response to the threat of climate change, sustainable development, and efforts to eradicate poverty［Z］. In Press, 2018.

［7］王金南,蔡博峰,曹东,周颖,刘兰翠.中国CO_2排放总量控制区域分解方案研究[J].环境科学学报,2011,31(4):680–685.

［8］何建坤.CO_2排放峰值分析:中国的减排目标与对策[J].中国人口·资源与环境,2013,23(12):1–9.

［9］McCollum D.L., Zhou W., Bertram C. et al. Energy investment needs for fulfilling the Paris Agreement and achieving the Sustainable Development Goals［J］. Nat Energy，2018(3):589–599.

［10］项目综合报告编写组.《中国长期低碳发展战略与转型路径研究》综合报告［J］. 中国人口·资源与环境，2020，30(11):1–25.

碳中和目标管理急需硬核技术标准化

夏　青　中国碳中和50人论坛成员
　　　　中国环境科学研究院原副院长兼总工程师

2020年9月22日，习近平主席向世界承诺中国2060年实现碳中和目标，能耗占全球近1/4且以煤为主要能源的中国让世界惊叹！中国决心用40年完成这一任务，难度高于所有国家，使命感更高于所有国家，为全球所瞩目。

特别值得称道的是，将2030年碳达峰目标置于碳中和的旗帜下，把曾承诺过的2030年单位GDP碳排放值作为2060年碳排放绝对值目标的一部分。所谓碳达峰，是碳中和目标的基线峰，而不是不受碳中和目标约束的碳指标高峰。一是进入碳指标绝对值评价新阶段，二是从2021年起即进入碳中和目标管理新时期。

当务之急是建立碳中和目标管理系统，要建立目标、指标、技术、项目、投资、效益六位一体的量化评价体系。目标要能层层分解，确保结果验证；指标要能量化评估，落实目标管理；技术要能见诸实效，证明硬核威力；项目要能持续发力，符合减污降碳；投资要能优化分析，产生金山银山；效益要能定期核算，享受生态福祉。

这一碳中和目标管理系统与政府计划、规划系统的不同之处在于，以硬核技术为主线，用指标和项目细化规划和计划，用投资和效益升华规划和计划，从而体现接地气、干实事、见实效。

必须认识到，实现碳中和目标，不仅是中国能源结构的一场革命，还将给中国人民的生活方式带来绿色变革。生产清洁化水平大幅提高，生态文明价值观深入人心，这一全方位的变革，将使绿色生产力成为对生产关系的更大推动力。所以，落实碳中和目标管理系统，不是某一部门、某一省市、某一行业的事，而是跨部门权界、跨地区区界、跨行业业界的综合管理系统。既可以实现效益共享、经验互学，又可以比出差距、发现短板。关键点是国家标准保碳指标量化、地方标准保差异化管理、企业标准促硬核技术创新，用标准化助力绿色发展。

一、国家标准保碳指标量化

碳中和目标管理从标准化开始，才能国内外互联互通，做到碳指标规范可靠。习近平主席适时提出中国的标准化战略："中国将积极实施标准化战略，以标准助力创新发展、协调发展、绿色发展、开放发展、共享发展。"

最先动作的是金融行业。中国人民银行把完善绿色金融标准体系，作为未来重点工作之一，强调"国内统一、国际接轨"的原则。为支持环境改善、应对气候变化和资源节约高效利用的经济活动提供服务，即为环保、节能、清洁能源、绿色交通、绿色建筑等领域的项目投融资、项目运营、风险管理等提供金融服务。

绿色金融是重要推动力，而"国内统一、国际接轨"的原则，首先就应体现在碳指标的标准化上。对于碳核算，国内已经应用的IPCC

清单方法，就是联合国政府间气候变化专门委员会（IPCC）颁布的为各国所接受的成果。现在国家发展改革委正在从清洁生产的高度制定标准，即从淘汰黑色生产力出发，确定清洁生产准入门槛，凡有布局越红线、环保不达标、结构不合理、工艺难更新问题者，则列入淘汰名单。只有能够进入清洁生产水平提升行列的，才要求核算碳排放指标，将碳中和目标分解到每个企业的清洁生产指标中，真正使每日每时的生产活动与减污降碳相融合。过去提节能减排，实质上是将节能减碳、治污减排两件事按一件事来办。在碳中和的旗帜下，需要体现减污、降碳目标的各自特征，更需重视降碳指标，它是分解完成碳中和目标的重要任务之一，减污数量则受当地环境容量约束。

中国环境科学研究院清洁生产中心为基层城市进行碳中和技术服务，就是依据国家标准干两件事：

一是全市碳排放清单。根据碳排放清单、碳汇能力的测算和评估，确定全市碳排放控制目标以及能源、产业、建筑、生活等重点领域减污降碳协同控制任务量和时间表；完成全市各类碳排放源的减碳重点任务和重点项目清单；基于对区域森林、湿地、海洋、农田、土地利用等碳汇现状的测算和评估，完成全市碳达峰和碳中和目标和实施方案编制以及相关碳交易、碳审计、碳核查以及碳信息化平台等配套管理平台设计。

二是典型园区碳中和。重点针对当地以重点行业如石化、钢铁、化工、纺织新纤维、电力能源、医药等为主的产业园区，围绕"减污降碳"协同控制以及碳中和示范园区建设目标，依据国家清洁生产和绿色低碳园区相关标准，开展典型园区绿色低碳水平评估，识别构建低碳绿色产业园区的优劣势和瓶颈短板，基于碳达峰、碳中和战略目标，提出园区绿色低碳发展的路径、方案、重点任务、重点工程，低碳、负碳、固碳技术清单以及保障措施体系等，在技术、经济和减污降碳协同控制三赢目标下，引领和规范典型工业园区碳中和园区建设及试点示范区创建工作。

国家强制性标准保碳指标量化，实际上保证了碳中和量化目标的基线正确，使我国的数据在国际互认、碳指标交易、征收碳税等方面获得平等地位，更有利于让世界接受中国在减碳领域的突出进步，并在碳税征收市场取得先机和效益。

二、地方标准保差异化管理

中国的能源结构以煤为主，兼有水力发电、风能、太阳能、核能优势地区，加之环境地带性特征差异明显，必须防止"一刀切"。一城一策、一河一策、一区一策的任务，就与正确颁布地方标准密切相关。在水资源、水环境、水生态、水安全、水文化五水共治的旗帜下，如何把握长江保护与发展的关系？长江上游是水电基地，肩负绿色电力和生态流量的调控及珍稀鱼类保护和城市发展的任务，应在保护中发展。长江中游以江湖关系为重，既要保证调蓄水量、防洪抗灾，又要保护好长江之肾和候鸟之家，更要后来居上，超过杭嘉湖发达区域，应在发展中保护。长江下游主要为长三角绿色经济发展示范区，需要不断攀登绿色新境界，实现江海统筹。依长江上、中、下游的不同发展战略，不同地方标准要保证碳中和目标的指标分解，体现差异性。

黄河要建幸福河，需要幸福河良方。纵览黄河流域，上游水源保护，中游防洪治沙，下游绿色发展。如黄河下游山东段的各城市，又呈现出绿色差异。济南携河北跨黄河、菏泽绿色兴起、泰山区域山水林田湖草生命共同体工程示范……都是山东省为黄河增添的生态亮点；从聊城在黄河之北打造江北水城、德州成为长江和黄河汇集的地方、黄河水润淄博，到位列黄河三角洲中心城市的富强滨州，均可看到生态惠民、生态利民、生态为民的成果。硬核技术是黄河山东段减污降碳的支撑，也是实现碳中和目标的坚实基础。从地理标志助力黄河下游乡村振兴、精准扶贫，到黄河口年轻的共和国土地展现黄河大美生态，以及连接黄河两岸绿水青山的众多桥、道，无不显示科学技术的创新力、影响力。在碳中和目标的指引下，推广中国好技术，深入开展能源革命，黄河山东段会成为更多硬核技术的孕育地。

因地制宜、特色发展靠地方标准为发展与保护的统筹协调提供规范化保证，为科学制定碳中和方案提供指南。

三、企业标准促硬核技术创新

碳中和要求是：实现碳达峰、碳中和目标要充分发挥好创新作为第一动力的作用。能源绿色低碳发展要突破储能、智能电网等关键技术，支撑构建清洁低碳、安全高效的能源体系。要发展原料、燃料替代和工艺革新技术，推动钢铁、水泥、化工、冶金等高碳产业生产流程零碳再造。加快发展新能源汽车技术，形成公路绿色低碳运输方式。同时，建筑领域要发展与"光储直柔"配电系统相关技术，助力实现用能电气化。要发展碳汇和碳捕集、利用与封存等负排放技术，着眼长远发展非二氧化碳温室气体减排技术。要加强产业技术集成耦合创新并注重颠覆性技术创新，碳中和技术路线发展应考虑资源约束问题。要加强青年科技人才的培养。

上述要求，在实施层面还应以科技创新企业标准为主，突出企业标准的领航作用、实践验证作用，真正实现科技成果标准化，以标准化引领产业化。

在有些部门已经不支持煤清洁燃烧技术创新的情况下，一家民营企业最新研发的煤气化洁燃锅炉，又在国际煤粉锅炉领域首创了燃烧阶段脱硫脱硝的佳绩，这对于传统煤粉锅炉的烟气治理工艺来说，属于颠覆性的创新。14MW洁燃锅炉的调试与检测已于2021年4月2日完成。该锅炉在没有烟气脱硫脱硝工艺的情况下，烟气排放指标已经达到了超低排放标准。

业界在按照国际潮流划分的灰氢、蓝氢、绿氢路径前进时，一家民营企业在布朗气发生器上做文章，狠抓效率，瞄准"让农民用得起，让行业能挣钱"这个硬指标，领先世界各国，走中国人自己的路。现在，样品进入辨别真假、评价优劣的初始阶段，必须称赞新能源狠抓效率和经济效益的创新举措，因为没有经济效益的高新技术不是真正的高新技术。正因为创新艰难，才要允许有失败。

说到效益，对于碳中和目标管理尤为重要，因为众望所归的目标下，某些做法的效益短板容易被忽视。例如限塑令下的降解塑料替代决策，既不考虑替代成本高3~4倍，又不考虑生命周期过程碳指标高低，用欧盟堆肥标准支撑国家推荐性降解塑料标准，关闭了中国塑料企业创新的大门。一家民营企业，在中国蕴藏丰富的无机材料碳酸钙上做文章，生产过程不使用酸、碱、漂白剂，不消耗工业用水，也不排放"三废"，替代石油基原料60%以上，相比传统塑料减少二氧化碳排放量50%以上，且产品可多次重复使用、循环再生，符合减塑、降污政策导向，与传统一次性塑料制品相比，性能没有下降，在自然环境下2年内能被降解成水、气体和矿物质。经权威第三方机构检测，焚烧无有毒有害气体排放，残渣无二次污染，价格接近传统塑料，仅是堆肥塑料——聚乳酸价格的1/3。通过FDA、欧盟REACH、RoHS有毒有害物质检测，重金属检测，VOC检测，LFGB食品检测、国内食品安全检测，是符合绿色包装生态设计要求的好产品。

　　诸如此类的实例启示我们，碳中和目标管理的焦点是企业标准代表的硬核技术，要注重用数据说话，才能真正打破传统技术之局限，实现以生态为本。各方面都重视大数据，强调智慧，殊不知若不能先将数据变为信息，产生效益，智慧就成了无源之水。每个企业标准带来的效益总和，就是标准化创新技术实现碳中和目标的综合威力。智慧是标准化引领产业化的总称，包括智慧决策平台、能源结构转化示范、绿色发展路径、金山银山模式、生态福祉享受等方面，需要有强有力的领导，依托跨界专家融合并开拓，实现碳中和重任。

　　碳中和目标管理给中国标准化战略实施提供了最佳机遇，只要真正理解碳中和目标对中华民族绿色未来的开创性意义，真正实施符合国情的创新决策，跨界融合形成合力，就一定能依托国标、地标、企标全面开花，实现生活、生产、生态齐出效益，让人民享受碳中和的生态福祉。

欧盟绿色道路及配套金融政策浅析

周立红　中国碳中和 50 人论坛成员
　　　　欧盟中国商会创会会长
　　　　中国银行卢森堡有限公司原董事长

王稚晟　中国碳中和 50 人论坛秘书长
　　　　欧盟中国商会副会长
　　　　北京华软科技发展基金会常务理事

近代社会发展史揭示，在所有的生产要素中，能源的开发和利用是第一推动力，然后才是通信、交通、农业等基础性产业的改变。当前，一场新的能源及其制度（与数字化构成第三次工业革命的核心动力）的转型——从以石油、煤炭为代表的化石能源向以风能、太阳能为代表的非化石能源的转型，已从20世纪中期起源于环境恶化的观念之争进化为气候变化危机压力下的革新浪潮。

在这场21世纪初持续至今的史诗级全球化运动中，像中国一样，欧盟及其主要国家被公认为以零碳为目标的绿色新政的引领力量。今日，全球各国和地区若想闯过碳达峰和碳中和的大关，向欧盟借鉴、学习，是必要而现实的选择。本文尝试简述21世纪以来欧盟及其主要国家的绿色新政，特别是其中绿色金融举措的主要趋势和特点，旨在提供"他山之石"。

一、欧洲：越来越深的绿色

从18世纪中期到20世纪中期，作为资本主义的大本营，欧洲及其主要国家凭借第一次和第二次工业革命完成了资本主义从初生、壮大到成熟的全过程，将人类的生产和生活推向一个新的高峰，成为全球政治和经济力量体系中的重要一极。与此同时，"生态危机凸显了资源的稀缺性、自然环境的恶化和不可持续的西方足迹"[《欧洲绿色新政：危机背景下的绿色现代化之路》（绿色欧洲基金会，2009）]。随着科技的进步和科学研究的深入，欧洲对社会发展的不可持续性所引发的危机有一个认识过程，具有不同的时代背景和动因。

第一阶段，从20世纪四五十年代至20世纪70年代的启动期。这一时期的主要动力来自自然环境特别是人类的直接生存环境恶化引发的危害，标志性事件是1952 年 12 月在英国发生的"伦敦烟雾事件"。这场 20世纪著名的环境公害事件虽然只持续五天，但直接造成4000人死亡。英国政府深刻认识到工业发展的负面影响，于1956年颁布世界上第一部现代意义上的空气污染防治法——《清洁空气法案》（Clean Air Act），主要改进举措是推进城市居民燃料从煤炭向天然气的转型，将发电厂和重工业等排烟大户和行业迁至郊区等。

英国的行动带动了欧洲乃至全世界主要国家对于大气污染的高度关注。它们出台有关法律法规，制定减排标准，虽取得了一定效果，但总体上是孤立的浅层行为，治表不治里，治得了局部、治不了整体。

第二阶段，从20世纪70年代第一次石油危机至2019年的持续期。从20世纪70年代开始至21世纪初陆续爆发的三次石油危机，沉重打击了包括欧洲在内的西方经济，在重新塑造石油价格体系的同时，也推动了西方各国能源节约和对新能源的开发进程。特别是第三次石油危机是一个重要转折点，自此之后，欧洲的绿色政策成为全地区的共识，并推进加速，成为世界的领先者。

在第三次石油危机之前，虽然欧洲联盟的前身——欧洲共同体已经建立，但是，在走绿色道路上，其成员国还没有形成合力，各国只是单独制定了短期刺激经济复苏、中长期应对气候变化并向低碳经济转型的绿色发展规划。

值得关注的是，制造业大国德国在这一轮转型中异军突起。德国的发力点是可再生能源开发和利用技术。德国1991年颁布了第一部规定电力强制收购类型的《电力强制收购法》。2005年11月，安吉拉·默克尔当选德国总理之后，德国的绿色新政开始加速实施。2008年，德国先后出台《可再生能源法（修）》《可再生能源供热法》和《气体供应网准入与支付条例》，使国内可再生能源产业得以迅速崛起，成效显著；德国在《可再生能源法（修）》中设定的2015年减排目标早在2008年便提前完成。由于德国的成功，欧盟成员国开始效仿德国，推出上网电价，鼓励早期使用者生产绿色能源，以高于市场价的溢价向电网出售。德国在2007年上半年担任欧盟理事会轮值主席国期间，积极推动绿色路线，促使欧盟向绿色低碳模式转型。德国成为欧盟乃至世界应对气候变化的积极倡导者。

第三阶段，2019年12月《欧洲绿色新政》出台至今的提速期。

在2019年12月联合国气候变化大会（COP25）在马德里召开之际，欧盟正式发布《欧洲绿色协议》（*European Green Deal*），确定的具体目标为：2030 年欧盟必须缩减碳排放至少 55%（相较 1990 年），并在2050年之前实现碳中和，并提出了一系列关键政策和执行路线图。

《欧洲绿色协议》被列为欧盟委员会2019—2024年度六项委员会优

先事项之首，虽然全球新冠肺炎疫情暴发，但欧盟依旧按计划推进绿色新政的执行。

2020年，《欧洲绿色交易投资计划》《公正过渡机制》《欧洲气候法》（草案）、《2030年欧盟生物多样性保护战略》等重要文件陆续公布，并通过了《欧洲工业战略》《欧盟能源系统整合和氢能战略》等战略规划。在2020年12月举行的欧盟峰会上，欧盟又提高了减排目标：到2030年其温室气体净排放量将从此前设立的目标（比1990年的水平减排40%）提升到至少55%。

2021年，围绕"碳中和"目标，欧盟动作频频。1月，欧盟委员会启动"新欧洲包豪斯"运动，大体相当于以可持续性+美学进行"老屋翻新"，将在成员国打造5个各具特色的项目。3月，欧盟委员会公布《欧洲气候法》（草案），欧洲议会通过并支持设立《碳边境调整机制》（CBAM）。2021年上半年，欧盟成员大国也在加码。德国计划在2045年实现碳中和，比原计划提前五年。在温室气体排放目标上，德国将2030年温室气体减排目标提升至较1990年减少65%。法国国民议会通过了"气候法案"，将在交通、建筑等部门率先执行气候法案，为法国实现碳中和目标进一步勾勒出路线图。

二、欧州绿色发展进程

2008年，因第三次石油危机、金融危机引发的经济衰退，迫使已经壮大和成熟的欧盟成员联合起来应对气候变化。在德国的引领下，2008年1月，欧盟委员会提出应对气候变化方案，具体目标为在2020年之前实现温室气体排放量降低20%、可再生能源的份额提高至20%、能源利用率提高20%。欧盟因此成为第一股做出有法律约束力的正式承诺的主要政治势力。

为完成"20/20/20"目标，21世纪的第二个十年间，欧盟各国开始加速绿色进程。法国绿色政策的关键词是"可再生"。2008年12月，法国环境部公布一揽子旨在发展可再生能源的计划，包括50项措施，涵盖生物、风能、地热能、太阳能和水力发电等领域。2009年，法国政府投资4亿欧元用于研发清洁汽车和"低碳汽车"。2009年7月，英国政府发布两份国家战略文件——《低碳转换计划》和《可再生能源战略》，成为世界首个在政府预算框架内特别设立碳排放管理规划的国家，具体措施包括对依赖煤炭的火电站进行"绿色改造"，大力发展风电等。

德国的发力重点是生态工业和可再生能源。2009年6月，德国发布了一份旨在推动德国经济现代化的战略文件，强调生态工业政策应成为德国经济的指导方针。2010年，德国发布《能源战略2050：清洁、可靠、经济的能源系统》，规划德国未来50年可再生能源发展。2012年，德国发布《可再生能源优先法》，规定2020年德国的可再生能源发电量占整个国内发电量比重要高于30%。为此，德国通过制定全国上网电价，刺激企业、社区和个人安装太阳能电池板和风力发电机，以高于市场价的价格把绿色电力卖给电网。此举成果显著，有条件的成员国纷纷效仿。

21世纪第二个十年的末期，在绿色现代化之路上越走越顺畅的欧盟发布了一系列绿色文件。其中，比较重要的是2018年11月发布的《2050气候中和战略愿景》（*A Clean Planet for All*）。2019年12月，欧盟委员会公布了应对气候变化、推动可持续发展的《欧洲绿色协议》，希望能够在2050年前实现欧洲地区的"碳中和"，通过利用清洁能源、发展循环经济、抑制气候变化、恢复生物多样性、减少污染等措施提高资源利用效率，实现经济可持续发展。

三、市场和经济的力量

《欧洲绿色协议》除了提高欧盟的气候目标外，还提出七个目标和相关措施，涉及的变革涵盖能源、工业、生产和消费、大规模基础设施、交通、粮食和农业、建筑、税收和社会福利等领域。为了保障上述目标的实现，《欧洲绿色协议》设计了一套保障性框架。其中，"钱"是这个复杂而有序的系统战略中的关键所在。《欧洲绿色协议》提出要探索绿色投融资，并确保公正合理的转型。

根据欧盟委员会的估算，为实现当前2030年的气候与能源目标，每年还需2600亿欧元的额外投资，约占2018年GDP的1.5%。为此，欧盟委员会提出了一系列绿色投融资措施。欧盟委员会提出"可持续欧洲投资计划"帮助各相关方满足额外的融资需求；欧盟预算将发挥关键作用，欧盟委员会已经提出气候主流化，要求欧盟所有项目预算的25%必须用于应对气候变化，而欧盟预算的收入也将部分来自应对气候变化领域，例如欧盟碳排放权交易市场中拍卖收入的20%将划拨给欧盟预算；至少30%的"投资欧洲"基金会用于应对气候变化，该基金也会强化与欧盟国家的开发性银行和机构的合作，鼓励它们全面开展绿色投融资活动；加强与欧洲投资银行（EIB）集团、欧盟国家的开发银行与机构以及其他国际金融机构的合作。此外，欧盟提出包括"公正转型基金"在内的"公正转型机制"，重点帮助受此转型影响最大的地区和行业，不让任何成员掉队。

2020 年 1 月，欧盟发布《欧洲绿色协议投资计划》和《公正过渡机制》。据此，在未来十年内，它将增加过渡资金，并通过欧盟金融工具，特别是"投资欧洲"（ InvestEU），筹集至少1万亿欧元的可持续投资资金；将为私人投资者和公共部门创造有利的框架，以促进可持续投资；将在确定、组织和执行可持续项目方面向公共行政部门和项目发起人提供支持。而《公正过渡机制》将筹集至少 1000 亿欧元，帮助 2021—2027年受灾最严重的地区，以减轻该地区的社会经济影响，同时进行必要的投资，帮助依赖化石燃料价值链的工人和社区。

这些投资部署是欧盟过去几十年经济工具的总调动。比如，早在 2018年3月，欧盟委员会基于欧盟可持续金融专家组（HLEG）针对欧盟可持续金融发展提出的若干重要建议发布《可持续发展融资行动计划》，为可持续金融政策设定了一个标准。欧盟有关机构又发布了一系列报告、计划和战略，与《欧洲绿色协议》互相配合，共同推进可持续金融政策的实施。

自ESG［环境（Environmental）、社会（Social）和治理（Governance）的英文简称］于2004年在联合国《在乎者即赢家》（*Who Cares Wins*）报告中首次正式出现，及联合国全球契约组织（UNGC）和联合国环境规划署金融倡议（UNEP FI）2006年共同发布《负责任投资原则》（*Principles for Responsible Investment*，PRI）以来，ESG作为重要的投资决策系统考量因素得到商界的广泛关注和大力推动。欧盟作为积极响应联合国可持续发展目标和负责任投资原则的区域性组织之一，最早表明了支持态度并展开行动，更在近五年密集推进了一系列与ESG相关的条例法规的修订工作。不过，ESG框架和市场都处于初级发展阶段，前期市场的发展为监管机构规范行业标准、防范"漂绿"（Green Washing）提供了基础。在市场需求方面，ESG从创新逐渐成为趋势，但由于统一标准的缺失，各家产品管理人有自己的方法论。与产品底层资产相关的用于评估ESG的数据本身还大量缺失，可预见的下一阶段是要求所有金融工具完善ESG基础信息。

除了ESG风险可能带来的长期收益压力外，ESG是否与短期收益率挂钩是下一阶段ESG市场需求的要点。目前，ESG已经被纳入各国税务政策、欧盟UCITS/AIF、Mifid等金融产品法规和欧盟CRD资本要求的相关草案，进一步与减税、降低资本占用等政策相关联，这将是产品管理人和投资人的共赢利好。

在更远的未来，由于各国的ESG规则还在搭建期，未来标准的差异化和互认化也可能由金融向实体经济贸易更深一步渗透，投资人ESG倾向对企业生产模式的影响将逐步体现，从而形成各经济板块隐形的ESG贸易壁垒。

四、给中国企业界的建议

中欧在绿色可持续发展领域拥有共同的立场和目标。在国际舞台上双方是《巴黎协定》最积极的推动者和践行者，双方都在认真地履行国际承诺并将其转化为国内发展议程。绿色发展是中国五大发展理念之一，生态文明建设是中国新时代的发展方向，污染防治是全面建成小康社会的三大攻坚战之一，"绿水青山就是金山银山"等理念开始广为人们所接受，中国正在持续探索发展和试点碳市场，中国也是联合国可持续发展目标的坚定拥护者。欧盟作为全球绿色可持续发展的领先者，始终将其视为重点发力领域。双方也是绿色发展的重要合作伙伴，在欧中企利用自身在绿色 5G、新能源、电动汽车、生态修复等领域的优势和经验，已经开展了诸多有益实践。

近年来，在环保领域，中欧围绕一致的可持续发展目标开展广泛合作。2019年第二十一次中国—欧盟领导人会晤联合声明也重点关注了可持续发展与绿色金融，涉及的中欧可持续发展领域广泛，包括落实可持续发展议程、应对气候变化、绿色金融合作、清洁能源与循环经济、污染与海洋垃圾、生物多样性保护、可持续的海洋等，双方在可持续发展领域合作前景广阔。

　　未来，双方在绿色建筑、智慧城市、清洁能源等领域也拥有广阔的合作空间，中企将进一步为欧盟绿色可持续发展事业添砖加瓦。但由于标准的不一致，以及欧盟政府和企业难以理解中国产品低成本与补贴无关、国有企业并非关联企业等实际情况，中国的可再生能源和绿色汽车企业在进入欧洲市场时遇到阻碍和困难。不过，中企更多将欧盟绿色政策视为机遇和发展的契机，将绿色标准视为发展动力，始终主动在业务全生命周期按照绿色环保、节能减排的方式开展活动，并积极为欧盟提供绿色技术和产品。

关于实施我国"低碳+"战略的
若干重大政策建议

曾少军 | 中国碳中和 50 人论坛成员
全国工商联新能源商会专业副会长兼秘书长
中国新能源产业研究院执行院长

"低碳+"战略，本质上是一种发展模式创新战略。实施"低碳+"战略，既是中国作为一个负责任大国坚守气候道义的重要举措，也是中国缓解自身环境和能源压力的必由之路。"低碳+"强调低碳是核心，"+"代表发展的重点领域，如工业、农业、建筑、交通、能源、金融、消费等。

一、我国实施"低碳+"战略意义重大

"低碳+"战略是指在可持续发展理念指导下，通过技术创新、制度创新、文化创新、产业转型、消费模式与生活方式转变、低碳和无碳能源开发等手段，尽可能减少煤炭等高碳能源消耗，减少温室气体排放，实现经济社会发展与生态环境保护双赢的一种发展方式。"低碳+"战略是对传统行业的再造与深化。

低碳发展既是中国作为一个负责任大国坚守气候道义的重要举措，也是中国缓解自身环境和

能源压力的必由之路。因此，实施"低碳+"战略，有助于我国主动迎接第三次工业革命的挑战，力求在某些产业领域发挥全球引领作用，从传统发达国家和新兴发展中国家的包围中脱颖而出。

二、国际低碳发展的基本经验

英国采用积极的低碳发展政策，重视低碳的发展，主要通过各项政策措施，致力于实现节约能耗目标。美国利用其先进的低碳技术，提高效率，降低成本，减少碳排放。德国完善的法律体系对于推动德国碳减排产生了积极作用，并推动了产业结构调整。日本具有良好的低碳发展创新制度。日本政府进行低碳制度创新，侧重从低碳产业、低碳能源、低碳交通、低碳建筑等方面来推进日本的低碳社会发展。

这些国家低碳发展主要经验包括：第一，提供长期稳定的政策支持。第二，大力发展新能源和可再生能源。第三，引导公众参与低碳经济。第四，积极开发低碳技术。技术进步是实现低碳经济的重要途径。第五，加强经济激励和财政支持。

三、我国"低碳+"战略实施路线图

我国应借鉴国外低碳发展的经验，建立适合国情的低碳发展系统。重点领域与路径如下：

"低碳+农业"战略。首先要将低碳技术创新作为实施"低碳+农业"发展战略的重点；其次要加强低碳农业基础设施和政策的制度建设；最后要构建激励机制，因地因时制宜，采用多样化的灵活模式，推进低碳与农业产量、产值和品质的多重目标的实现。要初步构筑多元的"低碳+农业"支持主体，形成多种"低碳+农业"发展渠道，发展有机肥生产、秸秆利用、沼气工程、生态园建设、公益林等，实现

替代减碳、延迟碳排放、农林固碳，完善能源和环境交易中心。

"低碳+工业"战略。依靠工业低碳转型提质增效促进产业结构升级，构建低碳工业技术体系，形成低碳工业用能体系，完善低碳工业监管体系，调整对外贸易政策，清理和纠正对高耗能、高排放行业的优惠政策，大力发展低碳型贸易产业。

"低碳+建筑"战略。推动建筑全产业链低碳化，形成以设计师为主导的建筑产业链运行模式。促进"低碳+建筑"工业化进程，实现建筑产品节能、环保、全生命周期价值最大化的可持续发展。加快"低碳+建筑"市场环境的建设，建立建筑能耗统计、能效测评及标识制度，发展第三方评估机制等。鼓励"被动式超低能耗建筑"发展，形成政府主导、市场运作、社会参与的良好发展格局。

"低碳+交通"战略。发展高铁可加速大运输系统的低碳发展，改变中国的基础产业以及民众的出行方式。加快发展汽车自动驾驶，抢占产业发展制高点，发展"低碳+"物流业。

"低碳+能源"战略。增强能源自主保障能力，推进能源消费革命，优化能源结构，大力发展可再生能源，积极开发水电，大力发展风电，加快发展太阳能发电，积极利用地热能、生物质能和海洋能。

"低碳+金融"战略。要加强政府与金融机构的合作，确定政府在碳排放市场上的角色定位；确定碳额度的分配准则，加强国内碳交易平台一体化，避免为了短期的利益廉价出售我国的碳资产。鼓励商业银行加入赤道原则履行社会责任，为低碳金融发展创造良好的外部环境。将环保数据应用于贷款审批流程中，真正做到绿色信贷，实现低碳发展。

"低碳+消费"战略。要坚持"天人合一"的自然观和经济、社会、生态相协调的可持续发展观。要培育低碳生态文化，形成绿色生活方式和消费模式。建立综合治理体系，推动全社会积极参与。建立完善的消费市场，提供丰富的低碳产品和服务。推进产品回收处理，实现绿色循环低碳发展。

四、促进我国"低碳+"战略实施的若干政策建议

"低碳+"政策体系必须跟上市场化改革的进程，具体建议如下：

在农业方面，成立"低碳+农业"的发展基金，形成稳定的政策性投入机制。支持农户在农业经营中科学管理、精准配方施肥、提高氮的使用效率、减少化肥及农药投入、促进作物轮作固碳、科学选择施肥时间、提升土壤固碳能力。强化"低碳+农业"的基础设施与示范工程建设；构建全国低碳农业数据库、低碳农业技术数据库、有机农业数据库等；扩大国家级有机农业基地、生态农业基地和"低碳+农业"基地建设。建立统一的农业碳排放规制和认证体系，加强低碳农业技术的创新与集成推广。

在工业方面，做好工业低碳发展顶层设计，完善工业低碳发展的政策体系，健全工业低碳发展治理模式，协调国际贸易和低碳工业发展的关系，依托"互联网+"促进"低碳+"工业，强化制度创新的保障功能。

在建筑方面，不断完善现有建筑节能、绿色建筑政策体系，加强标准引导和监督检查，强化政策激励，发挥建筑节能专项资金作用，明晰产权归属，引入第三方合同能源管理，开展建筑碳排放权交易，建立覆盖主要地区的建筑碳排放权交易平台，制定建筑能耗定额，有效推进建筑低碳化发展。

在交通方面，要强调减少能源使用、提高能源使用效率、调整能源结构，要从全产业链和全生命周期着眼，确保交通运输工具动力来

源低碳化，积极利用"互联网+"作为有效补充手段，推进交通领域全面低碳化。加快物流领域改革创新，推行精细化物流，构建以多式联运为核心的综合交通运输体系。

在能源方面，要抑制地方政府无效投资冲动，加快推进电力体制改革，稳步淘汰落后产能，进行灵活性改造，参与电力调峰，并向低碳能源转型。基于能源互联网技术，建立平衡基团，稳定电力供求。利用"互联网+大数据"进行科学预测优化，参与区域能源平衡，科学调度。推行碳审计，进行减碳改造，由易及难（比如散烧煤等）。

在金融方面，培育碳金融中介服务体系，加强对参与碳金融的咨询、评估、会计、法律等中介机构的培育。有步骤地设立若干个区域市场，然后看情况逐步走向统一。强化企业社会责任，为低碳金融发展提供条件保障。提高国际谈判能力和风险把控能力，避免廉价出售我国碳资产。形成激励措施，给予银行实施绿色信贷的动力，加强绿色信贷实施的可操作性。加强信贷准入管理，将环保节能的要求引入银行的信贷准入标准，严把信贷客户环保节能准入关。完善信息沟通机制，并将环保信息合理用于信贷审批，切实将资金投向绿色产业。

在消费方面，完善低碳消费激励政策，构建全方位的低碳消费文化，坚决抵制消费主义文化。加强低碳消费的基础设施建设，在全国推广建立低碳社区。将相关低碳技术向大众消费倾斜，有力推动低碳消费向更高的水平发展，将低碳技术运用于消费的各个方面。

实现"碳达峰""碳中和"目标要切实采取行动并优化激励机制

徐　林 ｜ 中国碳中和50人论坛成员
　　　　中美绿色基金董事长

碳排放以及由此导致的全球气候变暖，被认为是全人类目前共同面临的一个重大挑战。尽管学术界和政界对这个问题并没有取得完全一致的看法，但全球主流意见已经基本形成，温室气体尤其是二氧化碳排放，被认为是全球气候变暖的主要原因。有关研究资料显示，在六种温室气体中，二氧化碳排放是导致全球气候变化的主要原因。《京都议定书》和《巴黎协定》都是基于这一主流观点形成的国际协议。

中国一直以积极的姿态参与上述两个国际协定的谈判和执行。作为一个发展中国家，中国承担着共同而有差别的责任，在维护自己发展权益的同时，完成了控制碳排放强度的目标承诺。2020年，习近平主席代表中国政府提出了我国在碳达峰和碳中和方面的"30·60"目标，引起了国际社会的广泛关注和好评，但也形成了对中国在碳排放方面做出更大贡献的新期待。国际社会在赞扬和疑惑中，也开始更多关注中国下一步会采取什么样的具体行动来实现目标。

一、构建人类命运共同体的具体行动

根据联合国政府间气候变化专门委员会（IPCC）2007年报告的预测，如果不能有效控制温室气体的排放，到2100年，全球气温和海平面可能分别上升1.1℃~6.4℃和16.5~53.8厘米，人类活动导致的碳排放对气候变化的贡献至少占95%。恰恰是出于这样一些共同的担忧，《联合国气候变化框架公约》提出了全球碳排放大国的减排目标。世界各国以全球协约的方式减排温室气体。从碳达峰、碳中和这个角度来看，目前全球已经有50多个国家实现碳达峰。在排名前十五位的碳排放国家中，美国、俄罗斯、日本、巴西、印度尼西亚、德国、加拿大、韩国、英国和法国已经实现碳达峰，中国、墨西哥、新加坡等国家承诺在2030年以前实现二氧化碳排放达峰。需要注意的是，印度这个即将拥有全球最多人口的发展中国家还没有做出碳达峰和碳中和的承诺。

我们正处于百年未有之大变局，在这样一个特殊时期，原有国际秩序正在经受考验和挑战，无论是发达国家还是发展中国家，都在各自盘算着如何在变局中完善并重塑新的更加公平合理的全球新秩序。习近平主席代表中国提出了构建人类命运共同体的构想，笔者认为，这实际上阐述的是，全球所有国家、不同民族在我们赖以生存的地球大家庭中是一个命运共同体。既然是命运共同体，就需要共同面对发展和生存中的挑战，在共同认可、共同遵守的国际规则基础上共同采取行动。虽然在所有全球议题上都认识一致并共同采取行动并不容易，但应对气候变化和碳减排问题，可能是全球不多的可以抛开意识形态差异和价值观差异，共同采取行动直面挑战、加深国际合作的一个重要领域。

从大国之间围绕碳减排议题的国际博弈来看，围绕气候变化和碳减排问题，过去发达国家不甘于自身采取减排行动，一直希望中国这样的排放大国协同采取行动，以弥补他们在减排措施上增加的成本或经济损失。欧美国家曾经试图并还在继续努力，提出对中国等一些不实施碳减排配额的国家实施碳关税制度。发达国家实施碳关税制度，可能会使我国出口产品的价格竞争力发生变化，对一些发展中国家而言，也会构成制约发展的新挑战。比如，中金公司最新的研究表明，如果欧盟实施基于碳税的边境调节机制，对中欧两大经济体GDP的负面影响分别为0.01%、0.03%；中国大陆总出口将下降0.3%，对欧出口将下降6.9%。出口总量受冲击最大的三个行业依次是机械设备、金属制品、非金属矿物制品；出口下降幅度最大的三个行业依次是机械设备、金属制品、石油化工。

建议我国做四个方面的应对准备：①反对以气候之名的贸易保护措施，推动国际气候治理机制改革，维护"共同但有区别的责任"原则；②积极推广基于绿色溢价的碳中和政策分析框架，鼓励各国探索适合本国国情的碳中和道路，而不是基于碳排放的社会成本估算国际统一的碳价；③加快构建和完善MRV体系，支持外贸企业做好数据核算准备，也为我国国内统一碳市场的建设夯实数据基础；④如果碳关税不可避免，可考虑变被动为主动，做好针对高碳行业开征碳税的预案，特别是受碳边境调节机制冲击较大的机械设备、金属制品、石油化工等行业。

因此，中国的碳减排目标的新宣示和新选择，对共同化解全球面临的重大挑战、缓解中国作为碳排放第一大国面临的政治经济压力、更好地形成促进人类命运共同体建设共识，具有重要的意义。

二、中国的现实挑战和难题

中国面临的碳排放挑战巨大且具有难度。中国是人口大国、生产大国、消费大国、出口大国，毫无疑问也是排放大国。中国的碳排放总量、单位GDP碳排放量、人均碳排放量都名列世界前茅，排放总量和人均排放量还在上升。统计数据显示，中国2020年碳排放总量超过了100亿吨，占世界排放总量的30%左右，这一比例超过中国的人口和GDP在世界总量中的占比，中国人口大约占全球人口的1/5，中国GDP占全球GDP的比例只有17%多一点，这说明我们人均碳排放量和单位GDP碳排放量都是比较高的。

从过去五年的数据看，中国碳排放总量年均增速约为1.25%。从单位GDP碳排放量来看，中国单位GDP二氧化碳排放量约为0.75千克/美元，约是美国的3倍、德国的4倍。尽管中国人均二氧化碳排放量仅为6.84吨，只相当于美国的一半，但还在逐年增长，需要采取措施遏制这一势头。

中国面临的现实问题是，随着中国居民收入水平持续提高和消费需求升级，人均能源消费水平和能源消费总量还会进一步提高。目前我国人均能源消费量为3.5吨标准煤/人·年，与发达国家还有较大差距，只相当于美国的约1/3、德国和日本的约2/3。收入水平提高后，人均能源消费水平会进一步向发达国家水平趋同。但我们只能向能效水平更高的德国和日本趋同，而不能向美国趋同，前提是我们的能效水平必须达到甚至高于德国和日本。由于能源消费达峰与碳排放达峰关系密切，除非能源结构显著调整导致的碳减排效应能够抵消能源消费增加带来的碳排放增加效应，否则将影响碳达峰和碳中和的进程和目标实现。由此可见，即便是实现碳达峰目标，对中国来说也并不是一件容易的事情。

按期实现碳达峰后再进一步实现碳中和，我们与发达国家相比难度要更大。从碳达峰到碳中和，我们只有30年的时间。但是欧美等发达国家和地区都经历了50~70年的时间，我们碳达峰后的碳减排曲线会比他们更陡峭。

从发达国家的经历来看，如果不考虑绿能替代的效应，碳减排曲线与一个国家的产业结构以及城市化率有密切关系。一般来说，服务业占比达到70%左右，或城市化率达到80%左右的时候，碳排放开始达峰并下降。但目前中国服务业的占比只有55%左右，城市化率也只有64%，我们离西方发达国家表现出来的碳排放拐点或结构特征还有一段距离。对我们来说，要实现碳达峰，包括碳达峰之后的碳中和，挑战和难度是不容忽视的。值得期待的是，绿色低碳技术特别是与太阳能利用效率相关的零碳能源技术取得的新突破和新进展，或许能够弥补经济社会结构转换相对滞后的不足。

尽管面临上述诸多挑战，中国还是下定决心在实现2020年碳排放强度下降目标的基础上，提出了在2030年实现碳达峰、2060年实现碳中和的新目标，并开始部署落实并采取实质性行动。

有人认为中国提出"双碳"目标是迫于外部压力做出的选择，但值得重视的是，中国推进碳达峰和碳中和目标的实施，实际上还具有在能源领域构建以内循环为主的能源新发展格局的长远战略意义。我国经济安全面临的挑战表现在诸多方面，其中最主要的就是能源安全。这是因为我国的石油和天然气对外依存度分别达到了73%和43%，且还在进一步上升，导致我国在地缘政治方面面临较大压力。不仅如此，我们石油和天然气的战略储备也达不到安全储备的要求，如果能够尽快构建以新能源为主的绿色低碳能源体系，推进交通领域的电动化、电气化和氢动化，就能大大降低石油和天然气的对外依存度，提高能源安全自主保障水平，也能缓解我国在敏感地区面临的地缘政治方面的压力。

三、"十四五"规划的目标导向和路径

刚刚闭幕的全国人大高票通过《国民经济和社会发展第十四个五年规划和2035年远景目标纲要》。"十四五"规划对碳减排提出了一些明确的目标和部署。从相关指标来看，提出了单位GDP能耗要进一步降低13.5%、单位GDP碳排放要降低18%的目标。这两个目标是有关系的，碳排放降低的幅度要比单位GDP能耗降低的幅度更高，多出近5个百分点，这5个百分点实际上就是清洁能源替代的碳减排效应。清洁能源的替代导致碳排放下降的幅度比单位GDP能耗下降的幅度更大，这意味着"十四五"期间应该采取更强有力的措施，通过技术变革和创新加快提高绿色低碳能源的比重。对此，"十四五"规划提出的目标是，非化石燃料使用量占比要提高到20%，但这个力度并不算太大。"十四五"规划还提出森林覆盖率要提高到24.1%，这也是一个很宏伟的目标。因为"十三五"末中国的森林覆盖率大概是23.2%，我们要在未来5年提高0.9个百分点，也就是接近1个百分点的森林覆盖率。我国有960万平方公里的国土面积，这意味着要增加约9万平方公里的森林覆盖面积，难度大、任务重，需要采取强有力的措施和激励才能实现。

在总体规划目标要求基础上，国务院有关部门还要编制碳达峰、碳减排"十四五"专项规划，制定比总体规划更具体、更细化的部署和举措。从各省市出台的"十四五"规划来看，也都围绕碳达峰和碳中和目标提出了各自的目标和措施，有些地区甚至明确提出了提前实现碳达峰的具体目标。

有了碳减排目标，还要明确碳减排的路径，这就需要梳理一下中国碳排放的大户到底是谁。从相关数据来看，中国碳排放占比最高的是电力部门，因为中国的电力部门煤炭发电还是主体，碳排放大概占了51%；其次是工业部门，大概占了28%，主要是钢铁、建材、石化等高碳部门；再次是交通运输，占比约9.9%；之后是城市建筑居住，占比大概在5%。农业也算是一个温室气体排放大户，但主要排放的是甲烷和一氧化二氮。甲烷的温室气体效应是等量二氧化碳的28倍，一氧化二氮的温室气体效应是等量二氧化碳的265倍，其影响不可小视。

导致这一格局的主要原因是中国的能源工业高度依赖煤炭，一次能源煤炭占比目前高达57%，虽然与过去相比已经有了很大下降，但是由于煤炭是中国禀赋最好的能源资源，所以中国目前能源的生产消费还高度依赖煤炭。中国能源部门80%的二氧化碳排放来自煤炭；其次是石油，约占14%；天然气约占5%。所以，解决碳达峰和碳中和问题，能源生产和消费结构的低碳化转型、工业部门的降碳和脱碳、交通运输领域的电动化和氢动化、推行城市绿色低碳建筑和整个社会经济的深度节能（与发达国家水平有40%左右的差距），可能会成为最根本的出路。在农业部门，需要优化畜牧业发展模式，推行种植业化肥农药减量化，加强高产抗病虫种子研发和推广，实施部分人造蛋白对肉类的替代，减少物流仓储领域的浪费，切实减少温室气体排放。

四、强化举措和构建机制

有了明确的目标和时间表，就需要有强有力的举措和政策机制，以下是围绕实现目标而展开的主要政策思考：

第一，全方位加大节能力度，推进节能技术创新和推广应用。我国仍然是一个能效水平不高的国家，目前单位GDP的能耗与发达国家相比，还有40%左右的差距。如果我们能弥补这个差距，不仅有利于抑制能源消费总量的增加和尽早实现能源消费达峰，也有利于碳排放达峰。

在人均能源消费水平向发达国家趋同的过程中，比较理想的是实现向德国和日本趋同，前提是中国的能效必须达到德国和日本的水平。在节能领域，我们在很多方面都具有非常大的空间。一些案例和经验表明，在工业领域，对生产线实施数字化、智能化改进，就可以提高30%左右的能效水平；在产业园区和城市社区，进行综合能源服务体系的改进，通过多能互补、峰谷调节、智能配置，也能实现30%以上的节能；在交通运输领域，通过城市智慧交通体系的构建和完善，减少通行里程和道路拥堵，可节约20%以上的能源，这还不包括交通工具本身的能源利用技术的改进；在城乡建筑节能领域，如果对建筑进行节能改造，或是对新建筑按照碳中和、低碳节能的理念进行设计和建设，都可以大大提高城市建筑的节能水平；在数字经济领域，数字技术与经济社会发展的广泛深度融合，会有很强的数字节能效应，数字经济和数字社会本身的发展，也能通过合理布局、优化程序、使产能适度等，减少数字化转型过程中的能源消耗；在生活领域，倡导节能的生活行为、消费行为，同样非常重要并能产生巨大的节能效应。

在实施能源消费总量控制的制度设计中，应该更多关注化石能源消费总量的控制，在用能权人人平等的基础上，通过用能权额度配置和市场交易制度，更好地激励节能和少用能，让多用能者通过多付费承担减排责任。在能源价格方面，要尽可能减少对制造业的补贴和对服务业的价格歧视；在阶梯式电价方面，除了对超额消费实施累进加价外，还应该对在额度内消费的节约进行奖励。

第二，要加大加快绿能的结构性替代。加快绿能替代是未来碳达峰和碳中和的主要出路，也是未来能源革命和转型的根本要求。加快绿能替代，重点在于光伏发电、风力发电、生物质能、内陆核电、燃料电池、储能、智能电网，以及新能源领域和相关材料领域的先进技术突破与广泛应用，加快构建以新能源为主体的现代绿色低碳能源体系。过去几年国内在这些领域的技术进步非常快，很多技术创新都在孕育、发芽，隐含了很多投资机会。目前，光伏发电每度电的成本降到了不到1角钱，已经完全具备竞争上网的能力和水平，风力发电的成本也在持续下降。过去风电和光电被人称为垃圾电，这是因为风电和光电不仅成本高而且还不稳定，但随着发电技术、储能技术和电网技术的进步，特别是太阳能转化效率的不断提高，或许不久的将来，煤电就会被认为是垃圾电了。最近中央财经委员会会议明确提出要构建以新能源为主体的新一代电力系统，这一提法就是看准了这一领域的技术进步和发展方向值得期待并为之付出努力。未来应该围绕非化石能源占比持续提高的目标要求，加快绿能替代领域的技术研发和推广应用投入。

第三，要在城市和乡村规划设计中，推行碳中和理念。我们在欧美及中国香港，都能看到一些完全按照碳中和理念来设计建造的绿色低碳建筑，但中国内地这样的建筑还不多见。考虑到建筑及其相关能耗占了我国能源消耗的30%左右，为了实现碳达峰、碳中和目标，我们没有别的选择，必须在城市规划和建筑设计，包括乡村的规划和建设中推行碳中和理念，改造现有建筑并在新项目建设中推行绿色低碳理念。这或许会提高建设成本，但政府完全可以在供地环节、规划环节、定价环节、税收环节，通过优先获得、容积率调节、价格税收、成本分摊等机制，来予以激励和推广。

第四，加快全社会植树造林和森林碳汇的建设。"十四五"规划纲要提出了森林覆盖率目标，未来5年要提高0.9个百分点，加上整个生态系统的建设和完善，都可能产生碳汇效应。但怎样把森林碳汇建设做得更好更有效？要建立一个更好的机制，以调动和激励更多的资源投入到森林植被建设和生态环境改善中去。我们过去都是采取由所在单位组织的方式每年去义务植树造林。这种植树造林虽然也有效果，但更多靠的是政府投入，依赖公共财政支出。如果我们要调动更多的社会资本加入这个行列，就必须要探索建立更有效的生态价值市场化实现机制，使社会投资者的生态投入能够通过某种激励机制的安排，获得相应的市场回报。

国家发改委曾经在浙江等地启动过生态价值市场化实现机制的试点，以更好实现"绿水青山就是金山银山"。习近平主席在成都考察时，曾经说过生态是有价值的。绿水青山等生态的既有价值，都要用一个好的机制来加以形成、转化和实现，最终必须激励到投入主体。比如，蚂蚁金服几年前通过支付宝启动了蚂蚁森林绿色低碳公益项目，旨在鼓励社会大众选择绿色低碳生活方式，如步行或骑自行车代替开车、选择公交出行、网上办事等低碳减排行为，相应的减排量被计算为虚拟的"绿色能量"，用来在手机里养大一棵棵虚拟树。虚拟树长成后，蚂蚁森林及其公益合作伙伴就会在荒漠化地区种下一棵真树。蚂蚁金服通过这一机制，已经完成了约2.23亿棵树的种植，取得了很好的绿色低碳效应，形成了很好的生态价值。我们过去的调研也发现，很多地方有很好的生态价值投入形成和生态价值转化实现的做法和案例，这些做法完全值得各级政府部门把它制度化。好的激励机制和市场化机制形成后，就会有更多的社会人力、私人资本投入生态建设的公益活动和市场化活动中。在这方面还需要进一步加大力度、解放思想、拓展空间。

第五，实行化石能源消费和碳排放额度控制，构建用能权和碳交易机制。既然明确了碳达峰的具体目标，且碳排放达峰与能源消费达峰特别是化石能源消费达峰有密切关系，就值得以此为依据实施化石能源消费总量和碳排放总量控制、额度分配和相应的权益交易制度。这是一个有效的激励和约束制度，在中国碳达峰和碳中和进程中值得启用、推广并不断完善。中国目前的碳交易体系建立在自愿减排的基础上，很难扩大交易规模并产生全局性影响，需要通过先易后难、试点突破、逐步推开的方式，在电力、建材、钢铁、石化等行业尽快实行强制性减排额度配置和排放额度交易制度，建立中国的碳交易市场，建设相关碳市场基础设施。

第六，构建全球绿色低碳领域的技术、产品、服务的自由贸易和投资制度。欧美发达国家特别是美国新政府，都表明要和中国加强在气候变化领域的国际合作。在气候变化领域的国际合作到底要做什么？这不仅是谈如何设定减排目标、如何进行碳足迹计量等问题，也不仅是谈发展中国家、发达国家在减排领域如何承担共同而有区别的责任问题，还要谈如何通过合作机制建设相互促进碳减排问题。在这个领域，有一个很重要的国际合作话题需要引起重视，那就是碳减排领域的自由贸易和投资。现在欧美发达国家特别是美国对中国还在实行更加严格的先进技术产品贸易和跨境投资的限制，理由是威胁到了美国的国家安全和维护美国竞争优势，但事实上，美国的国家安全已经被大大泛化了，一些先进的绿色低碳技术也被列入了贸易限制和投资限制的领域。美国商务部甚至把中国真正从事绿色低碳能源发展的三峡集团都列入了实体名单，理由竟然是三峡集团和中国军方有关系，匪夷所思。这意味着像三峡集团这样完全绿色低碳的能源企业，今后在绿色低碳能源发展领域的国际合作中，会受到不合理的限制。这样的行为对全球的碳中和、碳减排是不利的。中国在这个领域与欧美发达国家展开讨论时，需要引领必要的国际合作话题，推动制定合理的国际合作规则。既然碳减排、碳中和是全人类的共同挑战，对有利于碳减排、碳中和的技术、产品、服务贸易和跨境投资，就不应该有任何出于政治目的的限制，必须在这一领域推行完全自由贸易和跨境投资制度。

第七，构建更好的绿色低碳金融和投资环境。为了实现碳中和，到底需要多大规模的投资？最近国际国内有不同的报告提供了不同的数据。比如，高盛的报告认为全球大概需要85万亿美元，中国有报告认为中国需要130万亿元人民币以上，也有报告认为需要500万亿元人民币。不管精确的数据究竟如何，考虑到碳减排和碳中和的涉及面如此之广，几乎关联经济社会发展的方方面面，强有力的绿色低碳投资激励和更好的绿色低碳金融服务是必不可少的。应该建立更好的激励绿色影响力投资的机制和制度，发展更多从事绿色低碳金融服务和绿色低碳投资的专门机构。

中国政府虽然较早倡导并推行了绿色金融实践，而且把这个议题作为G20杭州峰会的一个议题，引发了广泛的国际响应，但我们在绿色金融，特别是在促进ESG投资、绿色影响力投资方面，并没有建立起特别有效的系统性制度、政策和激励机制。ESG投资尽管在全球已经成为主流投资模式，但像中美绿色基金等专门从事绿色影响力投资的绿色基金和绿色低碳金融服务机构在中国的实践还面临着重重困难。这涉及资源配置、标准认定、政策激励、机构建设、市场环境等方面的机制设计，需要宏观部门、货币当局、金融监管部门、环保部门的广泛关注。实际上，一旦建立了更好的制度和机制，就能够通过更有效的绿色金融和绿色投资，推动我国的绿色低碳发展转型和经济社会发展的系统性变革，我们或许会发现，我们经济社会发展面临的其他宏观性和结构性问题，也能够一并得到解决。

行业与案例

清洁能源助力"双碳"目标实现的路径思考

刘小奇　中国碳中和50人论坛成员
国家能源集团国华能源投资有限公司
氢能科技公司党委书记、董事长

实现碳达峰、碳中和是中国向世界作出的庄严承诺，也是一场广泛而深刻的经济社会变革。作为国家能源集团旗下主要的清洁能源投资运营公司，国华能源投资有限公司（国家能源集团新能源公司）顺应时代趋势，积极践行绿色低碳理念，主动拥抱能源转型升级，在助力"双碳"目标实现方面进行了深入思考和探索实践。

一、"双碳"目标给清洁能源发展带来新的机遇与挑战

"30·60"目标的提出，给清洁能源行业带来了前所未有的发展机遇，助推风电、光伏发电进入高速发展阶段。2030年为实现"碳达峰"目标，全国风电、太阳能发电总装机容量需要达到12亿千瓦以上，2020年二者总装机容量约为5.3亿千瓦，未来十年行业将迎来历史性高速发展机遇。

技术进步提升了清洁能源的市场竞争力，拓

展了风电和太阳能发电的发展空间。国际可再生能源署发布的最新可再生能源发电成本数据指出，过去10年间可再生能源发电成本急剧下降。太阳能光伏发电(PV)、聚光太阳能热发电(CSP)、陆上风电和海上风电的度电成本分别下降了82%、47%、39%和29%（见图1）。2019年新投产的大规模可再生能源发电项目中，有56%的项目发电成本都低于化石燃料发电成本。目前，风电和太阳能发电的经济性使其足以与传统化石能源"同台竞技"。

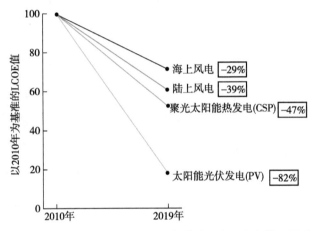

图1　国际可再生能源署（IRENA）统计风电和太阳能项目成本

各国政府对"碳中和"的认同促进了资本对新能源行业的高度关注。截至2021年4月底，已有超过130个国家和地区提出了"零碳"或"碳中和"的气候目标。中国承诺要在未来40年内完成碳达峰及碳中和，这为能源结构的转型升级带来了巨大商机。清华大学气候变化与可持续发展研究院预测，如果要实现《巴黎协定》提出的1.5℃控温目标，仅在中国就将累计新增投资近140万亿元人民币，超过每年GDP的2.5%，这份巨大的"蛋糕"已经激发了资本市场的投资热情。

当然，挑战与机遇并存，清洁能源行业也面临一些问题与挑战：

一是风电、光伏发电"去补贴"、市场化交易电量比例不断提升，在利好行业长期发展的同时，短期内挤压了企业的盈利空间。新能源电价从国家补贴到现在已基本实现平价上网，从影响增量项目开发的消纳预警机制到影响存量项目发电的保障性小时数政策、电力市场化交易政策等，这些新政策直接影响了新能源项目的投资收益水平。二是当前新能源项目资源争夺已近"白热化"，持续推高投资成本。能源央企、国企、民企发展新能源积极性高涨，项目规划开发的规模动辄上百万千瓦，资源开发竞争压力大增，各地方政府的诉求也"水涨船高"，增加了项目投资开发的非技术成本。与此同时，上游产品和原材料价格大涨，也导致项目投资成本居高不下。三是氢能等战略性新兴产业正处于孵化培育期，盈利性尚弱。氢能是优质的二次能源，是我国实现"双碳"目标的重要途径，应用前景广泛。但当前氢能利用各环节总体成本依然较高，必须通过技术进步、规模化应用、商业模式创新、政策支持等方式予以支持。

二、实现"双碳"目标的路径思考

实现"双碳"目标需要社会各方积极应对，主动调整策略契合未来的发展方向与趋势。根据近年来的探索实践，能源行业实现"双碳"目标的路径可以初步概括为：化石能源清洁化、清洁能源规模化、耦合发展一体化、应用场景多元化。

（1）化石能源清洁化

长期以来化石能源是我国的主体能源，尤其是燃煤发电，到2020年仍占我国电力总装机的近50%，总发电量的60%。未来五年为保证我国电力供应平衡，煤电需要新增装机1.7亿千瓦，占新增装机总量的21%。化石能源仍将在能源安全、保障供应上持续发挥作用，减少化石能源使用应是一个渐进有序的过程。当前，应加强对化石能源清洁、高效使用技术的投入，提升化石能源清洁化效率与水平。例如，国家能源集团近年来持续对燃煤机组进行超低排放、近零排放、综合循环利用、智能化改造、CO_2捕集封存等技术改造，有效提升燃煤使用效率，降低度电碳排放强度。目前，集团平均火电供电煤耗下降到303.3克/千瓦时，已优于发达国家和地区水平。同时，要加强清洁能源与化石能源耦合、碳捕集及CO_2二次利用等技术的应用，进一步开发化石能源在材料、化工等领域的应用技术，如制备高价值化学品、二氧化碳矿化利用等技术，推动规模示范和商业化应用。

（2）清洁能源规模化

加大可再生能源、清洁能源的规模化利用，有利于促进技术进步、成本降低、产业链协同发展，是实现"双碳"目标的主要选择。在发电领域，以风电、光伏为主力的清洁能源正在通过快速规模化发展，逐步替代化石能源发电。国网能源研究院《中国能源电力发展展望》预计：非化石能源占一次能源消费比重2025年、2035年、2050年、2060年分别有望达到约22%、40%、69%、81%，2035年前后非化石能源消费总规模将超过煤炭。其中，风电和太阳能将在2030年以后成为非化石能源主要品种，2050年占一次能源需求总量比重分别为26%和17%，2060年进一步提升至31%和21%。

清洁能源规模化发展将更注重依托大基地建设，在与特高压外送与本地消纳能力发展相配套的前提下，实现清洁能源规模快速增长。早在2008年，我国就将建设"千万千瓦级风电基地"上升至国家战略层面。到2020年，我国已在河北、内蒙古、甘肃酒泉、新疆、江苏沿海等地建成数个大型风电基地，不但使我国风电装机规模大幅提升，也通过规模化发展有效降低了建设、运营的成本，提高了资源利用效率，保障了项目的投资收益。未来开发建设大基地将是快速推升清洁能源装机规模的重要手段，地方政府和各能源集团已开始发力。"三北"地区和东南沿海多个省份都已明确将建设千万千瓦级新能源基地列入"十四五"规划；各能源企业也不断发力，2021年第一季度，国家能源集团、华能、大唐、三峡、国电投、晋能等30家企业已签约55个新能源项目，总装机规模超过8400万千瓦，投资总额近2513亿元。

大力发展海上风电是清洁能源规模化发展的重点途径之一。我国拥有长达1.8万公里的海岸线，300多万平方公里可利用海域面积，发展海上风电天然优势明显；海上风能资源丰富，且靠近负荷中心，年利用小时数较高，电能质量较好。尽管我国海上风电起步晚于欧洲，但凭借海上风资源稳定、大功率风机与海洋工程装备技术先进、所发电力便于就近消纳等特点，我国海上风电发展迅速，根据国家能源局数据，截至2021年4月底，我国海上风电并网容量已达到1042万千瓦，突破千万千瓦大关。

（3）耦合发展一体化

耦合一体化开发模式已成为重要趋势。在电源侧开展一体化开发可以弥补电力系统综合效率不高、源网荷等环节协调不够、各类电源互补互济不足等短板，实现多电源整体效益最大化。

2021年2月25日，国家能源局正式出台了《关于推进电力源网荷储一体化和多能互补发展的指导意见》，将推进"两个一体化"作为构建源网荷储高度融合的新型电力系统的发展路径。"两个一体化"建设重点是通过源网荷储协同优化运行、提升电源侧灵活调节能力和各种电源互补互济能力，提高系统电源中新能源规模配比，从而提高非化石能源在电力系统中的比重，最终构建以新能源为主体的新型电力系统。在新型电力系统中，新能源将与智慧电网、储能等灵活集成，使电力系统具备更强的柔性和平衡功能。在构建以新能源为主体的新型电力系统过程中，各能源企业和地方政府应加强合作，共同促进"两个一体化"示范项目建设，探索出一条可复制、可推广的一体化之路。

电力央/国企已成为一体化项目规划投建的中坚力量，如中能建、华能、国电投、国家能源集团、三峡等都纷纷结合自身特点与优势规划了一大批一体化项目；民营企业也不甘落后，如阳光电源、泰新能源、协鑫集团等也都进行了一体化项目的布局。各家企业的一体化项目因地制宜、形式多样，包括风光水火储、风光储、风光储氢等。

（4）应用场景多元化

新能源多元化发展是未来发展的一个重要趋势。多元化发展可以促进资源得到更充分的开发利用，提升节能减排的效率，同时也能克服风电、光伏单一开发占地面积较大、电能远距离传输、荒漠及沉陷区土地治理等问题。通过多元化深度开发，能让碎片化的资源得到充分利用。未来新能源的开发应用将不再局限于集中式风电和光伏电站、分散式风电、分布式光伏，以及与其他业态相结合的光伏建筑一体化、农光互补、渔光互补、林光互补、林光治沙等新应用场景将为清洁能源的发展开拓更新更广的空间（见图2）。

| 分散式风电 | 屋顶光伏应用 | 高速光伏应用 | 光伏建筑一体化 |

| 农光互补应用 | 渔光互补应用 | 林光互补应用 | 林光治沙应用 |

图2　新能源多元化的应用

氢能多元化利用将为低碳转型发展提供有力支撑。近年来，氢能的应用成本正加速下降，根据国际氢能委员会的报告，未来十年在政策和金融的支持下，氢能解决方案可以在20多个关键应用领域与其他清洁能源技术方案实现竞争。中国作为全球最大、最稳定的市场之一，具有能源自给自足的潜力，正在大量投资氢能应用技术开发，只要突破特定的技术瓶颈，规模化应用将使成本快速下降，氢能的重要地位就会更加凸显。当前，大力培育氢能生态，进行技术攻关，开发推广氢能应用，适时将氢能与其他成熟的能源应用业态相结合，将有力推动氢能产业的快速发展（见图3）。

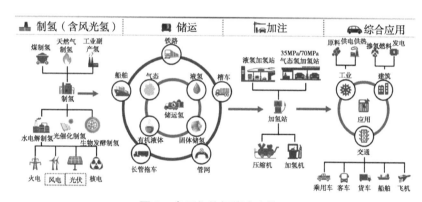

图3　多元化的氢能生态体系

三、进一步促进"双碳"目标实现的建议

"双碳"目标既是推进经济绿色复苏、形成绿色经济新动能的客观需要，也是助力发展方式深刻变革，促进能源结构、产业结构、经济结构转型升级的战略选择，更是我国应对气候变化，履行大国责任担当的有力体现。为进一步促进"双碳"目标实现，我们提出以下建议：

（1）推动出台更加积极合理的行业促进政策

针对清洁能源规模化发展，各社会组织和团体，如中电联、氢能联盟、风能协会、光伏协会、"碳中和50人论坛"等要在"双碳"目标实现中发挥智库作用，为行业建言献策，推动各级政府出台更多有利于行业健康、高质量、可持续发展的政策，如促进规模化开发、加强源网配套协同、合理化土地收费、减少附加条件等，要做好行业良性发展的引导，降低非技术成本，加强电网与电源的协同规划。

（2）加强产学研结合，促进创新成果商业化应用

要针对能源向低碳化转型中的关键技术瓶颈，加强产学研深度结合，加速实现技术突破与成本降低，推进商业化应用。在海上风电领域要加强大型海上风电机组超长超柔叶片技术、柔性直流输变电一体化技术、漂浮式海上风电、海上风电能源岛、海上风电与海洋牧场结合等关键技术研发应用；在光伏领域要加强TOPCon、异质结、钙钛矿、颗粒硅以及光伏建筑一体化等技术攻关与应用；在氢能的制运储用技术方面，要加强储运技术攻关，大力推广绿氢、绿电与化石能源耦合技术；在碳捕集、碳封存、CO_2二次利用技术等方面，要加强研究攻关和产业推广。

（3）强化产业链上下游协同发展

现在清洁能源行业应进入"协同发展"的阶段，加强产业链上下游企业优势互补、技术共享、生态合作，助推"双碳"目标下的多方共赢发展。要加强化石能源与非化石能源统筹协同，在深度耦合发展中实现能源结构的合理渐进过渡。

以碳中和为目标完善绿色金融体系

中国碳中和 50 人论坛成员

中国金融学会绿色金融专业委员会主任

马　骏　北京绿色金融与可持续发展研究院院长

G20 可持续金融研究小组共同主席

2020年9月22日，国家主席习近平在联合国大会一般性辩论中，向全世界庄严宣布，中国将力争于2030年前实现碳达峰，在2060年前实现碳中和。中国的此项承诺是全球应对气候变化历程中的里程碑事件，它不但会加速中国的绿色低碳转型，也能激励其他主要国家做出碳中和的承诺，有望成为确保《巴黎协定》在全球实质性落地的最重要推动力。中国等主要国家的碳中和承诺因大大提高《巴黎协定》目标得以实现的可能性，进而避免出现亿万气候难民的危机，而将成为构建人类命运共同体的最重要内容之一。

碳中和目标下实体经济的转型轨迹

国内外气候变化专家的研究显示，中国有条件在2030年之前实现碳达峰，在2060年之前实现碳中和。基于目前已经成熟和基本成熟的绿色低碳技术及其商业化的可行性，专家们预测，如果中国及时采取有力的碳中和政策，就有望在2050年将碳排放从目前（2020年）水平降低70%左右（见图1），到2060年之前实现碳中和，即实现净零碳排放。

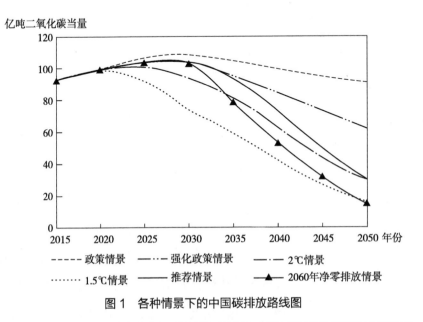

亿吨二氧化碳当量

- - - - 政策情景　　— - — 强化政策情景　　— · — 2℃情景
········· 1.5℃情景　　———— 推荐情景　　—▲— 2060年净零排放情景

图1　各种情景下的中国碳排放路线图

资料来源：清华大学气候变化与可持续发展研究院.中国长期低碳发展战略与转型路径研究[Z].2020.

如果要在2060年之前实现碳中和，那么在实体经济层面必须加速推动电力、交通、建筑和工业的大规模去碳化，争取在大多数产业实现自身的近零排放，较小比例难以消除或降低的碳排放将由碳汇林业来吸收（固碳）。

（1）电力：去煤炭、加速发展清洁能源。煤炭占我国一次能源消费的60%左右，燃煤发电是我国碳排放的最大来源，占电力行业总碳排放的一半左右。在碳中和的路径之下，电力系统需要深度脱碳，到2050年左右实现行业净零排放，非化石能源电力将占总电量的90%以上；因此，包括光伏、风电、核能和绿色氢能等在内的生产、消费和投资，将以比过去所有规划更快的速度增长。清华大学研究显示，碳中和目标需要2050年非化石能源在我国一次能源总消费中占比达到75%左右。国网研究院、风电协会等机构估计，"十四五"期间新增风光装机容量将达到年均100吉瓦（GW）左右，比"十三五"时期增长约1倍。到2050年，风光的总装机容量应该达到4000吉瓦左右，比2020年的水平（约350吉瓦）提高10倍以上，占2050年我国发电量的65%以上。

碳中和要求煤炭相关产业的生产、消费和投资必须尽快大幅下降，传统的煤炭开采、煤电产业将难以为继，曾经是主流的"煤炭清洁利用"技术也将被快速淘汰。各类煤炭的利用方式（煤发电、煤制气、煤制油和其他主要煤化工技术）高强度的碳排放，都是与碳中和的目标相矛盾的。除非碳捕捉技术能够在可预见的将来变得商业可行，且成本低廉。根据国际能源署等机构的研究，要实现《巴黎协定》要求的控制全球温升不超过1.5℃的目标，全球必须设定碳排放总量的限额（碳预算），因此全球现存煤炭储量的80%和石油储量的70%可能将不会得到利用。中国也必须接受这个现实。

（2）交通：实现电动化。交通行业（包括公路、铁路、船运和航空）用能源（主要是燃油）不仅是空气污染的主要源头，还会导致大量碳排放。电动车不仅污染排放为零，即使在目前电力结构下，碳排放也比燃油车低。未来，在电力行业实现高比例清洁能源、零碳排放的条件下，使用电动车、电气铁路运输即可基本解决公路和铁路的碳排放问题。因此，交通行业实现碳中和的转型路径主要应该是确保在常规公路、铁路交通中实现完全电动化和电气化。更多的省市需要像海南省学习，力争在不久的将来（如2030年）实现新车上市全电动，制定燃油车淘汰时间表。在全国范围，应该争取到2035年，纯电动汽车销售占汽车销售的50%左右。

同时超前建设汽车充电和加氢基础设施，大力推广氢燃料电池汽车，尤其是重型运输车辆，力争到2035年，使氢燃料电池汽车保有量达到100万辆。此外，还要鼓励船舶和航空运输业使用天然气、电能等清洁能源，加速淘汰高耗能交通运输设备和技术。城市化过程中应注重绿色基础设施的建设，大力投资轨道、快速公交等公共交通设施，建设城市骑行、步行等绿色出行设施和环境，减少私人机动车出行需求，从源头减少交通相关碳排放，提升城市活力。

（3）建筑：大力推广零碳建筑。建筑用能占我国总能耗的20%左右，主要用于建筑物的照明、供暖制冷、家电能耗等，而这些能源大部分来自高碳的火力发电。建筑业要想实现净零排放，主要有两条路径：一是建筑节能，二是使用绿电（光伏等清洁能源）。

与电力、交通行业相比，建筑行业实现低碳甚至零碳的技术已经基本成熟，只要相关部门和地方政府组织资源，加大有关工作的推动和协调力度，建筑行业有望成为我国最早实现零碳化的部门。在欧洲，已有若干零碳示范园区，园区中所有建筑物已经实现净零排放，且不需要政府补贴。我国的一些试点项目也证明了零碳建筑在技术和经济上的可行性。

实现建筑部门总体零排放的基本路径是：提高新建建筑物节能标准，尽早制定和实施超低能耗和零碳建筑标准，大力推广零碳建筑；加大既有建筑节能改造力度；建立零碳示范园区，完善零碳建筑技术；提高建筑用能电气化率，充分使用分布式可再生能源（如光伏），调整北方采暖地区供暖热源结构并提升热源效率；推广节能和智能化高效用能的产品（如家电）、设施。

（4）工业：调结构提能效、推广低碳技术。与电力、交通和建筑行业相比，工业尤其是制造业的技术复杂程度更高，要完全实现零碳的难度更大。清华大学的研究表明，大力推动产业结构升级、能效提升、电气化改造和高碳原料的替代，到2050年，我国的工业碳排放水平有望比当前降低70%。实现这个目标的路径主要有四条：一是工业产业结构的升级。根据发达国家的经验，随着人均收入的提高，低附加值产业占工业增加值的比重会逐步下降。预计到2050年，我国高附加值行业增加值占工业产出的比重将从目前的35%上升到60%左右，工业能耗会因此比目前水平下降60%左右。二是提高工业体系能源和资源利用效率。能效提升是工业降低碳排放的重要路径，各种资源（如塑料、钢铁、铝等原材料）的循环利用也有助于降低在原料生产过程中的碳排放。通过大规模使用高能效、低排放甚至零碳技术，到2050年，我国单位工业增加值的能耗可能比目前水平下降65%左右。三是工业部门电气化和推广低碳燃料/原料的利用。目前，我国工业行业仍然大量使用燃煤锅炉，电气化率约为26%，未来，可以通过提高电气化率并使用绿电，来大幅降低碳排放，比如到2050年提升到70%左右。四是采用各类新材料、新原料替代化石原料（如使用氢能替代焦煤作为钢铁生产的还原剂）降低生产过程中的碳排放。

碳中和目标下金融业面临的机遇和挑战

在实体经济大规模向低碳、零碳转型的过程中，金融业也必须转型。金融业的转型一方面要满足实体经济转型带来的巨大的绿色低碳投融资需求；另一方面要防范转型所带来的各种金融风险，包括高碳产业的违约风险和减值风险以及某些高碳地区所面临的系统性金融风险。

（1）实现碳中和需要数百万亿元的绿色投资。实现碳中和需要大量的绿色、低碳投资，其中，绝大部分需要通过金融体系动员社会资本来实现。关于碳中和所需要的绿色低碳投资规模，许多专家和机构有不同的估算。比如，《中国长期低碳发展战略与转型路径研究》报告提出了四种情景，其中实现1.5℃目标导向转型路径，需累计新增投资约138万亿元人民币，超过每年国内生产总值（GDP）的2.5%。再如，笔者牵头的《重庆碳中和目标和绿色金融路线图》课题报告估算，如果重庆市（GDP规模占全国比重约1/40）要在未来30年内实现碳中和，累计需要低碳投资（不包括与减排无关的环保类等绿色投资）超过8万亿元。此外，中国投资协会和落基山研究所估计，在碳中和愿景下，中国在可再生能源、能效、零碳技术和储能技术等七个领域需要投资70万亿元。基于这些估算，未来30年内，我国实现碳中和所需绿色低碳投资的规模应该在百万亿元以上，也可能达到数百万亿元，将给绿色金融带来巨大的发展机遇。

（2）碳中和给金融业带来的机遇。为实现碳中和目标而产生的如此大规模的绿色投资需求，将为有准备的金融机构提供绿色金融业务快速成长的机遇。其中，有以下几类典型的产品：

第一，绿色信贷：创新适合于清洁能源和绿色交通项目的产品和服务；推动开展绿色建筑融资创新试点，围绕星级建筑、可再生能源规模化应用、绿色建材等领域，探索贴标融资产品创新；积极发展能效信贷、绿色债券和绿色信贷资产证券化；探索服务小微企业、消费者和农业绿色化的产品和模式；探索支持能源和工业等行业绿色和低碳转型所需的金融产品和服务，比如转型贷款。

第二，绿色债券：发行政府绿色专项债、中小企业绿色集合债、气候债券、蓝色债券以及转型债券等创新绿债产品；改善绿色债券市场流动性，吸引境外绿色投资者购买和持有相关债券产品。

第三，绿色股票市场：简化绿色企业首次公开募股（IPO）的审核或备案程序，探索建立绿色企业的绿色通道机制。对一些经营状况和发展前景较好的绿色企业，优先支持参与转板试点。

第四，环境权益市场和融资：开展环境权益抵质押融资，探索碳金融和碳衍生产品。

第五，绿色保险：大力开发和推广气候（巨灾）保险、绿色建筑保险、可再生能源保险、新能源汽车保险等创新型绿色金融产品。

第六，绿色基金：鼓励设立绿色基金和转型基金，支持绿色低碳产业的股权投资，满足能源和工业行业的转型融资需求。

第七，私募股权投资：鼓励创投基金孵化绿色低碳科技企业，支持股权投资基金开展绿色项目或企业并购重组。引导私募股权投资基金与区域性股权市场合作，为绿色资产（企业）挂牌转让提供条件。

第八，碳市场：尽快将控排范围扩展到其他主要高耗能工业行业以及交通和建筑领域等，同时将农林行业作为自愿减排和碳汇开发的重点领域。

（3）金融业需要防范和管理气候风险。在全球主要国家纷纷宣布碳中和目标、加大落实《巴黎协定》力度的背景下，由于应对气候变化而带来的转型风险对许多产业和有气候风险敞口的金融机构来说会越来越凸显。转型风险指的是在实体经济向绿色低碳转型的过程中，政策、技术和市场认知的变化，给某些企业、产业带来的风险以及由此转化而来的财务与金融风险。比如，在各国采取政策措施推动能源绿色化的过程中，煤炭、石油等化石能源产业的需求会大幅下降；为了落实《巴黎协定》，许多国家的碳市场价格将大幅上升，使得大量高碳企业必须支付更多的成本用于购买碳配额；由于技术进步，光伏、风电等清洁能源的成本快速下降，对化石能源会产生替代作用，并逼迫化石能源价格持续下降。

在这些转型因素的推动下，煤炭、石油以及仍然使用高碳技术的石化、钢铁、水泥、铝等制造业，涉及毁林和其他破坏生物多样性的产业和项目都有可能出现成本上升、利润下降、严重亏损，乃至倒闭的情况；对金融机构和投资者来说，这些风险会体现为贷款/债券违约和投资损失。在某些高碳产业密集的地区（如山西、陕西、内蒙古等），此类与气候变化相关的风险可能会演化为区域性、系统性的金融风险以及由于大规模企业倒闭所带来的失业和其他社会风险。

在碳中和目标背景下，我国煤电企业贷款的违约率在10年内可能会上升到20%以上，其他高碳行业的贷款违约率也可能大幅上升。气候变化所带来的金融风险可能成为系统性金融风险的来源。过去几年，一些国外的央行和监管机构（如英格兰银行、荷兰央行、法国央行、欧央行等）、国际组织和合作机制（如央行绿色金融网络，即NGFS）已开始强调金融业开展环境和气候风险分析的重要性。但是，中国的多数金融机构尚未充分理解气候变化的相关风险，普遍缺乏对气候变化风险的前瞻性判断和风险防范机制。

金融业支持碳中和的国际经验

欧洲、英国等发达经济体在过去几年较早宣布了碳中和的目标，其金融业和监管机构在支持低碳投资方面也有较多的经验。至少有以下经验值得我们借鉴：

（1）以"不损害其他可持续发展目标"为原则，制定和完善绿色金融标准。从多年前一些非官方机构所推出的绿色和气候金融标准，到最近几年欧盟正在制定的官方可持续金融标准，其主导原则是支持应对气候变化，同时也覆盖了其他绿色和可持续发展目标，如降低污染、保护生物多样性、支持资源循环利用等。但欧盟在最新发布的可持续金融标准中强调，符合其标准的经济活动不得损害其他可持续发展目标，即不能为了实现一个目标而阻碍另一个目标。比如，煤炭清洁利用项目可以有效降低空气污染，但由于其大幅增加碳排放，不符合可持续金融标准。

（2）对企业和金融机构强化与气候相关的财务信息披露要求。英格兰央行前行长马克·卡尼（Mark Carney）在金融稳定委员会（FSB）下发起的气候相关财务信息披露工作组（TCFD）制定了有关信息披露标准，并建议企业和金融机构按此标准披露气候相关财务信息。该项倡议已得到全球数百家大型企业和金融机构的响应，也被一些发达国家的监管机构借鉴或采纳。比如，欧盟在2019年11月发布了金融机构和产品必须披露可持续发展相关信息的要求，并于2021年3月开始实施。2020年12月，英国要求几乎所有公司在2025年按照TCFD进行信息披露。2020年7月，法国金融市场管理局要求机构投资者披露环境、社会和公司治理（ESG）相关信息。此外，许多欧盟和英国机构已经披露了投资组合的碳足迹和机构自身运行的碳排放信息。

（3）不少发达国家的机构开展了环境和气候风险分析。由笔者担任主席的NGFS监管工作组在2020年9月发布了两份研究报告，囊括了全球30多个机构开发的环境和气候风险分析的方法和工具，包括对转型风险和物理风险的分析。这些机构大部分来自欧洲发达经济体。

（4）创新的绿色和气候金融产品。欧洲等发达市场在ESG金融产品和碳市场、碳金融方面明显处于领先地位。值得我们借鉴的产品包括各类与可持续发展目标相关联的信贷、债券和交易型开放式指数基金（ETF），以及转型债券、绿色供应链金融产品、绿色资产证券化（ABS）等。此外，欧洲的碳交易市场ETS覆盖了整个经济体45%的碳排放，相关衍生工具也为碳市场发现价格和改善流动性提供了较好的支撑。

目前绿色金融体系与碳中和目标的差距

自2015年中共中央、国务院在《生态文明体制改革总体方案》中首次提出构建绿色金融体系以来，我国在绿色金融标准、激励机制、披露要求、产品体系、地方试点和国际合作等方面取得了长足的进展，在部分领域的成就已经具有了巨大的国际影响力。但是，与碳中和目标的要求相比，我国目前的绿色金融体系在以下几个方面还面临着一些问题和挑战：

（1）目前的绿色金融标准体系与碳中和目标不完全匹配。比如，虽然人民银行主持修订的新版《绿色债券项目支持目录》（征求意见稿）已经剔除了"清洁煤炭技术"等化石能源相关的高碳项目，但其他绿色金融的界定标准（包括绿色信贷标准、绿色产业目录等）还没有做相应的调整，这些标准中的部分绿色项目不完全符合碳中和对净零碳排放的要求。

（2）环境信息披露的水平不符合碳中和的要求。企业和金融机构开展充分的环境信息披露是金融体系引导资金投向绿色产业的重要基础，被投企业和项目的碳排放信息披露则是低碳投资决策的重要基础。我国目前对大部分企业尚未强制要求披露碳排放和碳足迹信息，虽然部分金融机构已经开始披露绿色信贷/投资的信息，但多数还没有对棕色/高碳资产的信息进行披露，多数机构也缺乏采集、计算和评估碳排放和碳足迹信息的能力，金融机构如果不计算和披露其投资/贷款组合的环境风险敞口和碳足迹信息，就无法管理气候相关风险，不了解其支持实体经济减碳的贡献，也无法实现碳中和目标。

（3）绿色金融激励机制尚未充分体现对低碳发展的足够重视。金融监管部门的一些政策[包括通过再贷款支持绿色金融和通过宏观审慎评估体系（MPA）考核激励银行增加绿色信贷等]和一些地方政府对绿色项目的贴息、担保等机制在一定程度上调动了社会资本参与绿色投资的积极性，但激励的力度和覆盖范围仍然不足，对绿色项目中的低碳、零碳投资缺乏特殊的激励。这些激励机制的设计也没有以投资或资产的碳足迹作为评价标准。

（4）对气候转型风险的认知和分析能力不足。我国的金融监管部门已经开始重视气候变化所带来的金融风险，但还未构建气候风险分析系统，也没有给出对金融机构开展环境和气候风险分析的具体要求。除了几家在绿色金融方面领先的机构已经开展了环境、气候压力测试之外，我国多数金融机构尚未充分理解气候转型的相关风险及相关分析模型和方法，而多数中小金融机构还从未接触过气候风险这个概念。在对相关风险的认识和内部能力方面，我国金融机构与欧洲机构相比还有较大差距。

（5）绿色金融产品还未完全适应碳中和的需要。我国在绿色信贷、绿色债券等产品方面已经取得了长足的进展，但在面向投资者提供ESG产品，以及产品的多样化和流动性方面，与发达国家市场相比还有较大的差距，许多绿色金融产品还没有与碳足迹挂钩，碳市场和碳金融产品在配置金融资源中的作用还十分有限，碳市场的对外开放度还很低。

政策建议

我国提出了碳中和的目标之后，如果没有实质性的、大力度的改革举措，经济的低碳转型并不会自动加速，主要行业的净零排放也不会自动实现。我们的数量分析表明，如果继续按现有的产业政策和地区发展规划来发展经济，未来30年内我国的碳排放将持续保持高位，不可能达到净零排放，也很难在2030年前实现碳达峰。

从我国金融业的现状来看，虽然已经构建了绿色金融体系的基本框架，但绿色金融标准、信息披露水平和激励机制尚未充分反映碳中和的要求，产品体系还没有充分解决低碳投资所面临的瓶颈，金融机构还没有充分意识到气候转型所带来的金融风险，也没有采取充分的措施来防范和管理这些风险。

针对这些问题，笔者认为，应该从两个方面加速构建落实碳达峰、碳中和目标的政策体系。一是要求各地方和有关部门加快制定"30·60"路线图，出台一系列强化低碳、零碳转型的政策，强化各部门、地方政府和金融机构之间的协调配合。二是从标准、披露、激励和产品四个维度系统性地调整相关政策，构建符合碳中和目标要求的绿色金融体系，保证社会资本充分参与低碳、零碳建设，有效防范气候相关风险。

（1）地方和产业部门应规划碳中和路线图。

第一，中央应明确要求各地方政府拿出落实碳中和目标的规划和实施路线图，并鼓励有条件的地区尽早实现碳中和。根据我们从若干地区了解的情况，许多省市（包括主要负责人）对碳中和的内涵、背景和意义的了解都十分有限，绝大多数地方的产业部门也尚未理解碳中和目标意味着电力、交通、建筑和工业等部门必须大幅度转型，没有认识到习近平总书记提出的远期愿景需要现在就开始行动，否则会由于碳峰值过高而带来更大的社会和经济负担。一些地方仍然误以为煤炭是该地区的资源禀赋，必须充分利用，因此，还在继续规划煤电和依赖传统高碳技术的项目。还有一些地方虽然有意愿落实碳中和目标，但由于面临部分传统高碳行业的阻力，中央又没有给出明确的指引，因此不愿意率先推出碳中和路线图。我们建议，中央应该给予地方明确的指引，要求各地尽快制定落实碳中和目标的规划和实施路线图，并鼓励可再生能源资源充裕、林木覆盖率较高、服务业比较发达、制造业比重较低、科技创新能力较强的地区尽早（如在2050年前后）实现净零或近零排放，建立净零排放示范园区和示范项目，为其他地区提供可复制、可借鉴的样板。

第二，中央应明确要求相关部委制定零碳发展规划和碳汇林业发展规划，并尽可能将具体目标纳入相关行业的"十四五"规划。碳中和目标的落实涉及所有高碳行业的转型，因此互相协调的行业规划十分重要。根据我们的初步分析，这些行业规划必须在"十四五"期间发生根本性的转变，应该以大幅度减排作为未来五年、十年的约束性条件，乃至首要任务，而不是仅将低碳发展作为政策规划中"锦上添花"式的点缀。比如，在能源行业的"十四五"和十年规划中，必须明确提出停止新的煤电项目建设，大幅提高光伏、风电、氢能、海上风电和储能技术的投资目标。应该考虑明确支持有条件的地方宣布停止燃油车销售的时间表，继续保持对新能源汽车的补贴和支持力度，大规模进行充电桩等相关基础设施的投资和部署。在绿色建筑领域，应该尽快大规模实施超低能耗建筑标准和近零排放建筑标准，对零碳建筑给予更大力度的财政和金融支持。在工业领域，应该大力引进国际上先进的低碳、零碳技术，对各类工业制造行业进行大规模的、全面的节能改造。积极开展生态系统保护、恢复和可持续管理，加强森林可持续经营与植树造林，以提升区域储碳量与增汇能力。

（2）基于碳中和目标完善绿色金融体系。金融行业应该规划支持碳中和目标的绿色金融路线图。我们估计，在未来几十年内，在全国实现碳中和可能需要数百万亿元的绿色低碳投资。根据绿色金融发展的经验，要满足如此大规模的投资需求，90%左右的资金必须依靠金融体系来动员和组织。因此，金融管理部门和各地方有必要牵头研究和规划以实现碳中和为目标的绿色金融发展路线图。

这个路线图应该包括三个方面的内容：一是将目标落实到主要产业的中长期绿色发展规划和区域布局上，编制绿色产业和重点项目投融资规划，制定一系列具体的行动方案和措施，包括发展可再生能源和绿色氢能、工业低碳化、建筑零碳化、交通电动化、淘汰煤电落后产能等。二是建立绿色产业规划与绿色金融发展规划之间的协调机制。构建一系列绿色低碳产业、产品和绿色金融标准体系，建立绿色项目与绿色融资渠道的协同机制，包括服务于绿色项目和绿色资金的对接平台。三是以碳中和为目标，完善绿色金融体系，包括修改绿色金融标准，提出强制性的环境信息披露要求，强化对绿色低碳投融资的激励机制，支持低碳投融资的金融产品创新。具体建议如下：

第一，以碳中和为约束条件，修订绿色金融标准。虽然人民银行牵头修订的新版《绿色债券项目支持目录》（征求意见稿）已经剔除了"清洁煤炭技术"等与化石能源相关的高碳项目，但其他绿色金融的界定标准（包括绿色信贷标准、绿色产业目录等）还没有做相应的调整。未来，应该按照碳中和目标修订绿色信贷、绿色产业标准，建立绿色基金、绿色保险的界定标准，同时保证符合这些绿色标准的项目不会对其他可持续发展目标产生重大的负面影响。

第二，建议监管部门要求金融机构对高碳资产的敞口和主要资产的碳足迹进行计算和披露。建议人民银行、银保监会、证监会等金融监管部门明确提出对金融机构开展环境和气候信息披露的要求，其中应该包括金融机构持有的绿色、棕色资产的信息，也应该包括这些资产和主要资产的碳足迹。初期，可以要求金融机构披露其持有的棕色或高碳行业资产风险敞口（如煤炭采掘、煤电、钢铁、水泥、化工、铝业等行业的贷款和投资），并计算和披露接受贷款和投资的企业碳排放和碳足迹。中期，可以要求金融机构披露主要贷款/投资（或向大中型企业提供的贷款/投资）的碳足迹。监管部门、行业协会（如绿金委）和国际合作机制（如中英环境信息披露试点工作组）应组织金融机构开展环境信息披露方面的能力建设，推广领先机构的最佳实践经验。

第三，监管机构应该明确鼓励金融机构开展环境和气候风险分析，强化能力建设。目前，我国只有数家银行开展了环境和气候风险分析，多数大型金融机构已有所认知但尚不具备分析能力，多数中小机构还未意识到气候变化可能带来的信用风险、市场风险和声誉风险。建议人民银行、银保监会、证监会等金融监管部门明确指示我国金融机构参考NGFS等有关做法，开展前瞻性的环境和气候风险分析，包括压力测试和情景分析。行业协会、研究机构、教育培训机构也应组织专家支持金融机构开展能力建设，并重点开展这个领域的国际交流。央行和金融监管部门应牵头组织宏观层面的环境和气候风险分析，研判这些风险对金融稳定的影响，并考虑逐步要求大中型金融机构披露环境和气候风险分析的结果。

第四，围绕碳中和目标，建立更加强有力的绿色金融激励机制。建议人民银行考虑设立较大规模的再贷款机制（每年数千亿级别），专门用于支持低碳项目；将较低风险的绿色资产纳入商业银行向央行借款的合格抵押品范围；将银行资产的碳足迹纳入绿色银行的考核评估机制，并将银行的碳足迹与央行货币政策工具的使用挂钩；考虑在保持银行总体资产风险权重不变的前提下，降低绿色资产风险权重，提高棕色/高碳资产风险权重，在对整个银行业推出风险权重的调整办法之前，可以支持有条件的地区和金融机构开展相关试点工作。

第五，外汇局和主权基金应开展ESG投资，培育绿色投资管理机构。外汇管理部门和主权基金可以参考NGFS的建议，主动进行可持续投资，以引领私营部门和社会资金的参与。建议外汇管理部门和主权基金按可持续/ESG投资原则建立对投资标的和基金管理人的筛选机制，建立环境和气候风险的分析部门，披露ESG信息，支持绿色债券市场的发展，积极发挥股东作用，推动被投资企业提升ESG表现。

第六，监管部门应该强制要求金融机构在对外投资（包括对"一带一路"地区的投资）中开展环境影响评估。继续在"一带一路"地区投资煤电等高碳项目，有损于中国"一带一路"绿色化倡议的国际形象，也会给中国金融机构带来声誉风险和金融风险。建议有关部门尽快建立我国对外投资的强制性环境影响评估机制，严格限制对污染和高碳项目的海外投资；支持我国金融机构承诺大幅度减少和停止对海外新建煤电项目的投资和担保。通过国际合作渠道，推动中国、日本、韩国协同减少或停止对第三国的煤电投资。

第七，鼓励金融机构探索转型融资，包括设立转型基金和发行转型债券。要实现碳中和，不仅要支持纯绿色的项目（如清洁能源、新建的绿色交通和绿色建筑项目等），也要支持化石能源企业向清洁能源领域转型、老旧建筑的绿色低碳改造、高碳工业企业的节能减排和减碳项目等。后者一般被称为转型经济活动，也需要大量融资和一定的激励机制。欧洲已经建立了一些转型基金，在支持高碳企业向低碳转型的同时避免失业；还推出了一些转型债券，支持传统能源企业引入新能源项目，将废旧矿山改造为生态景区等。我国应借鉴这些经验，在认定标准、披露要求、激励机制等方面探索建立支持转型融资的机制，支持金融机构推出转型债券、转型基金、转型保险等金融工具。

（本文由北京绿色金融与可持续发展研究院胡敏、杨鹂，绿金委和清华大学绿色金融发展研究中心的多位专家提供素材支持。）

中国碳中和目标下储能关键支撑作用分析

俞振华 | 中国碳中和50人论坛特邀研究员
中关村储能产业技术联盟常务副理事长

引言

2020年9月22日,国家主席习近平在第75届联合国大会一般性辩论上向世界郑重承诺:中国将提高国家自主贡献力度,采取更加有力的政策和措施,二氧化碳排放力争于2030年前达到峰值,努力争取2060年前实现碳中和。随后在12月的气候雄心峰会上宣布:到2030年,中国单位GDP二氧化碳排放将比2005年下降65%以上,非化石能源占一次能源消费比重将达到25%左右,风电、太阳能发电总装机容量将达到12亿千瓦以上。

碳中和目标的提出,对于我国经济体系、能源体系的发展而言充满了挑战,但同时也为能源、交通和工业的各类脱碳技术提供了非常宝贵的发展机遇,使得中国能继续在新能源领域保持领先优势,国内也掀起了围绕"双碳"目标战略实施路径的探讨热潮。碳中和目标的提出,让中国的能源革命有了清晰明确的发展路线图，也给能源转型设定了总体时间表，能源结构转型需加速向前推进。作为推动可再生能源发展的关键技术，储能的发展已成为实现碳中和目标过程中日益迫切的需求。2030年可再生能源目标的宣布，让储能成为能源领域被关注的焦点。此外，交通电气化、建筑脱碳、工业脱碳、储能及氢能技术也发挥了举足轻重的作用，随着储能技术的进步，能支撑带动相关领域的结构性调整也逐渐成为行业共识。

当前储能产业发展规模怎样？储能在碳中和目标中具有怎样的战略地位？储能如何有力支撑碳中和目标的实现？在碳中和目标推动下储能发展面临着怎样的机遇与挑战？中关村储能产业技术联盟（以下简称"储能联盟"）作为专注于储能领域十年之久的行业组织，将结合对产业的研究与理解，为读者展开分析与解读。

一、我国储能产业总体规模

截至2020年底，中国已投运储能项目（不含氢能、储热）累计装机规模35.6GW，占全球市场总规模的18.6%，同比增长9.8%，涨幅比2019年同期提高6.2个百分点。其中，抽水蓄能的累计装机规模最大，为31.79GW，同比增长4.9%；电化学储能的累计装机规模位列第二，为3269.2MW，同比增长91.2%。在各类电化学储能技术中，锂离子电池的累计装机规模最大，为2902.4MW。相对电力行业的2000GW的发电总装机量来说，储能产业才刚刚起步（见图1、图2）。

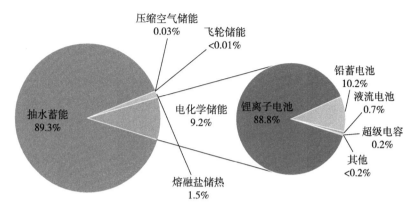

图1　中国储能市场累计装机规模（2000—2020年）

资料来源：CNESA全球储能项目库。

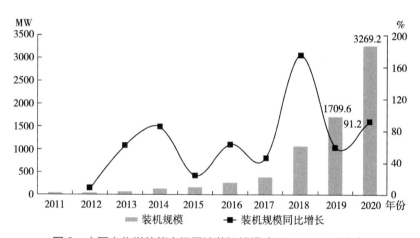

图2　中国电化学储能市场累计装机规模（2011—2020年）

资料来源：CNESA全球储能项目库。

二、储能对实现碳中和目标的必要性与前景预测

同欧盟、美国从碳达峰到碳中和的50~70年过渡期相比，我国碳中和目标隐含的过渡期时长仅为30年，这就意味着更快速的节能减排路径，其实现难度更大。当前来看，加速能源结构转型，可再生能源

担当主力能源是主导方向。随着风能、太阳能规模化发展和技术进步，可再生能源的成本显著下降，将逐步取代化石能源发电成为主导能源。预计到2022年左右，我国光伏、陆上风电将进入平价时代，2025年光伏和陆上风电度电平均成本很可能降至0.3元/千瓦时以下，个别地区有望降至0.1元/千瓦时以下，光储平价项目出现。2035年，风电、光伏度电平均成本将分别降至0.23元/千瓦时、0.13元/千瓦时，"新能源+储能"在大部分地区实现平价。

在可再生能源大规模发展的背景下，必然对储能提出更大的需求。根据储能联盟（CNESA）的预测，保守场景下，2021—2025年中国新型储能（除抽水蓄能外）的复合增长率将保持在49.3%左右，2025年，中国市场储能装机规模将达到100GW，新型储能（除抽水蓄能外）市场的累计装机规模将超过35GW；理想场景下，2021—2025年中国新型储能（除抽水蓄能外）的复合增长率将超过70.7%，2025年，中国市场储能装机规模将达到120GW，新型储能（除抽水蓄能外）市场的累计装机规模将超过55GW（见图3、图4）。

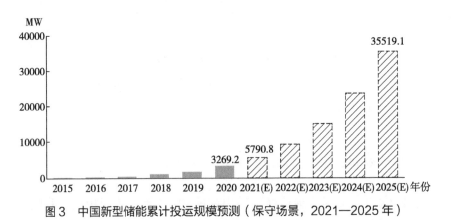

图3　中国新型储能累计投运规模预测（保守场景，2021—2025 年）

图 4　中国新型储能累计投运规模预测（理想场景，2021—2025 年）

以下为储能联盟整理的国内外各权威机构预测的储能规模。

国家发改委能源研究所：2015年发布的《中国2050高比例可再生能源发展情景暨路径研究》预测，至2050年可再生能源发电比重从"参考情景"的46%上升到"高比例可再生能源情景"的85%以上，风电、太阳能发电成为实现高比例可再生能源情景的支柱性技术。预计到2050年，中国的抽水蓄能装机容量将达到140GW，化学储能将达到160GW。

国际能源署（IEA）：2018年预测，到2040年，可再生能源预计将占全球新增产能的一半以上，可再生能源的强劲扩张对灵活性（电力系统快速适应电力供应和需求变化的能力）的需求将增长约80%。预计到2030年、2040年，中国规模化储能电站（除抽水蓄能外）将分别达到25GW、50GW。

中国投资协会联合落基山研究所：2020年发布的《零碳中国·绿色投资：以实现碳中和为目标的投资机遇》报告预测，在碳中和目标下，2050年，中国光伏和风电将占到电力总装机量的70%。相应地，电化学储能将由2016年的189MW增长到510GW，年均增长率达26%。

国际可再生能源机构（IRENA）：2020年4月在阿联酋阿布扎比正式发布的Global Renewables Outlook：Energy transformation 2050报告，

预测"转型能源情景"下，73%的装机容量和超过60%的发电量将来自光伏和风电，全球固定式储能（不包括电动汽车）需要从目前的约30GW增加到2030年、2050年的745GW、9000GW。

三、碳中和目标下储能发展机遇与挑战

碳中和目标的提出将加快推动可再生能源的跨越式发展，必将对储能提出更高的要求。为推动能源革命和清洁低碳发展，"十四五"可再生能源装机规模将实现跨越式发展，"可再生能源+储能"已成为能源行业的共识，成为支撑可再生能源稳定规模化发展的关键和当务之急。"十四五"时期我国可再生能源将全面进入平价上网时代，给予"可再生能源+储能"合理的价格机制，是解决当前可再生能源发展面临的经济性和利用率约束的途径，支撑储能规模化应用的政策和配套条件亟须出台。

新能源跨越式发展以储能为支撑。得益于良好的政策扶持，我国新能源汽车产业发展迅速，也带动了储能用电池技术的进步，我国储能产业化发展基础已形成。当前，储能作为支撑新能源跨越式发展的战略性新兴产业被首次提出，产业配套协同发展的趋势显著，新经济形势下需要以储能为支撑构建新经济增长点，为我国经济社会发展提供支持。

电力市场化释放储能应用空间。随着电力市场化改革的深入，市场规则赋予了储能参与市场的身份，相应规则面向储能予以调整，辅助服务市场内各类服务和需求响应机制成为储能获取额外收益的重要平台。但整体来看，储能虽获得了进入市场的入场券，但其调度、交易、结算等机制还难以与储能应用全面匹配，还需市场机制进行针对性的细化调整。

四、未来储能产业发展建议

过去10年，储能产业在技术、应用、商业模式等方面都取得了很大进展，但随着能源行业的快速发展和电力市场化改革进程的推进，储能行业的发展还面临着一些深层次的问题，需要从以下几个方面发力：

一是加快先进储能技术研发，增强我国储能产业竞争力。解决先进储能技术"卡脖子"问题，以点带面，完善先进储能技术产业链，促进国内储能技术高质量发展，进一步保持我国储能产业领先地位。

二是积极引导可再生能源与储能协同发展应用。应做好前瞻布局和规划研究，避免资源无效配置；明确储能准入门槛，确保储能高质量应用；落实配套项目应用支持政策，推动友好型可再生能源模式发展。短期来看，有必要出台过渡政策以支持可再生能源与储能协同发展，研究储能配额机制，提高"绿色电力"认定权重，发挥储能平抑波动、跟踪出力、减少弃电和缓解送出线路阻塞等作用，提高可再生能源消纳能力，全面提升可再生能源的利用水平。长远来看，现有度电成本高于传统火电成本的情况下，应建立价格补偿机制，实现"绿色价值"的成本疏导。

三是积极推进储能市场机制建设。继续推行可操作的"按效果付费"机制，以反映储能快速、灵活调节能力的价值；同步解决储能参与市场应用的困难和问题，探索建立电力用户共同参与的辅助服务分担共享机制，适时将现有市场机制与现货市场试点建设紧密衔接，建立符合市场规律的长效发展机制；明确储能电站在土地审批、并网等方面的手续，扫清储能参与电力市场的机制障碍。

四是完善标准体系建设，保障产业高质量发展。进一步完善储能规划设计、设备试验、并网检测、安全运维、消防等技术标准，设立储能产业的门槛。推进储能技术创新与标准化协同发展，解决储能设施参与系统运行的关键问题，有效保障我国储能产业高质量发展。

中国能源电力产业变革助力碳达峰、碳中和实现

郑大勇 | 中国碳中和50人论坛特邀研究员
清华大学海峡院新能源发展研究中心主任

一、碳达峰与碳中和的时代背景

在第75届联合国大会一般性辩论上，中国国家主席习近平表示在应对气候变化上"中国将提高国家自主贡献力度，采取更加有力的政策和措施，二氧化碳排放力争于2030年前达到峰值，努力争取2060年前实现碳中和"。这是中国政府首次在碳达峰、碳中和上做出承诺，引起全世界广泛关注。

碳达峰指某个地区或行业年度二氧化碳排放量达到历史最高值，然后经历平台期进入持续下降的过程，是二氧化碳排放量由增转降的历史拐点。碳中和，就是某个地区在一定时间内[①]人为活动直接和间接排放的二氧化碳，和其通过植树造林等吸收的二氧化碳相互抵消，实现二氧化碳"净零排放"。中国做出的碳达峰和碳中和承诺，意味着中国承诺最迟到2030年，中国的二氧化碳

---

① 一般指1年。

排放将达到峰值不再增长。之后，中国的二氧化碳排放量会慢慢下降，到2060年，针对排放的二氧化碳，中国将采取各种方式全部予以抵消。实现碳达峰和碳中和并不是一项简单的任务，二氧化碳排放量的背后是能源的消耗，而能源消耗是一个国家发展状况、经济结构的反映。一个国家做出此项承诺意味着需对该国能源结构进行全局性、革命性的调整。

二、新能源从新兴产业成长为成熟产业

当前，能源领域产生了我国近90%的碳排放，而我国仍处于经济发展阶段，人均GDP持续追赶发达国家，能源消费总量仍有进一步提升的需求，能源消费增长的需求和碳减排压力的矛盾，是绿色能源发展的核心难点，其中技术的主线是能源供给端的变革。当前，新能源产业在我国发展已初步成熟，未来具备广阔的前景。

首先，能源电力行业中，我国可再生能源占比快速提升。随着东中西部产业分化的形成和城镇化率的提升，我国一线核心城市率先实现产业升级。从全国范围看，2010年以来，水电、核电、风电等可再生能源在能源生产总量中的占比快速提升，从不到10%提升到2020年接近20%，我国清洁能源发展进入快车道。从单位GDP能耗角度看，2014年同比增速达到阶段高点后一路下行，长期维持负增长，体现出我国已经逐步扭转粗放式高耗能增长方式，正在转型为环境友好型高质量发展。以风电光伏企业销售数据为例，光伏、风电的成本分别下降了89%和34%，相当于累计装机每上升一倍，成本分别下降13%和7%。

其次，我国部分清洁能源发展速度、规模等走在世界前列。从全球清洁能源发展历史看，中国底子薄、起步晚，传统化石能源占比高，

经济发展不平衡的问题显著，中西部地区发展清洁能源的资金来源少，产业转型的阻力大。在国家的有效引导下，我国核能、水电等清洁能源的发展快于全球整体节奏，消费量的全球占比不断提升，例如水电消费量在全球总消费量中占较大比重，核电消费量的占比虽小但增速快，技术进步使得大规模使用新能源成为可能。

最后，非电领域中，我国新能源产业规模产值、渗透率不断增长。分行业看，新能源汽车、新能源电池的发展已经成为标杆……

三、新能源和传统能源从并进到替代，需完成深度融合

当前技术水平下，能源与工业领域碳中和转型成本高，需要通过技术降低成本，才能收窄绿色溢价，实现新能源的从补充到替代。技术降低成本的三种途径分别是规模效应、材料替换和效率提升。目前电化学储能还在应用初期，学习曲线下成本优化空间最大；光伏受益于规模效应、材料替换和效率提升的共同作用，有望在未来10年成本再降低50%；风电生产的利用效率接近极限，未来10年有望通过材料国产化、捕风面积提升降低20%~30%的成本；核电的批量化、国产化生产有望带来超过10%的投资成本节省；而水电厂受制于厂址资源的稀缺性，成本下降空间较小。

电力零碳排放先行，多能互补降低发电成本。首先，"光伏+储能"在"十四五""十五五"期间将陆续实现分布式较零售电价、集中式较燃煤标杆上网电价的彻底平价，但是从区域来说，水电和风电在部分区域比光伏成本更有优势。其次，从时间维度上来说，光伏发电只在白天，也会降低电网和储能设备整体利用时间。因此单一能源结构显然并不是最经济的选择。此外，风、光、水的发电能力"靠天吃饭"，存在季节性分布不均和气候带来的不确定性，为保证电力基本需求的

满足，需要可控机组的接入，核电也是必不可少的电源支持。最后，考虑到风、水、核都有资源总量限制，难以完全满足电力需求，因此电源技术应当首选"光伏+储能"，但是多元互补的智能电网技术同样重要，其可以保障电力系统的安全稳定运行以及整体成本更低，政策上应加大对电网储能技术的应用支持，加速非化石能源的比例提升。

非电领域的碳中和技术选择取决于各能源使用场景。在非电领域，主要利用化石能源的热能或将热能转化为机械能。目前零排放的实现存在四种方式，即电气化、氢能、生物质燃料和碳捕捉。不同于电能，非电领域各能源使用的场景差异较大，并且应用技术并不完全兼容，因此不同能源技术需要对应不同领域。目前来看，除电气化以外的碳中和技术成本都较高，因此随着电成本下降以及电能中非化石能源占比的提升，电气化会成为非电能源转型的首选。但受制于场景，电气化主要存在于公路铁路交通、居民消费、建筑和部分工业领域。

整体来看，碳中和技术路径主要是形成以"光伏+储能"为主的电能供应，以及氢和碳捕捉共存的非电供应技术格局。首先，通过多管齐下的节能减排技术来实现2030年碳达峰目标。其次，通过以光伏为主的多能互补模式完成电能生产的零排放，并在非电领域如公路铁路交通、建筑和部分工业领域通过电能的清洁和成本优势推动电气化率提升，在无法电气化的领域，以氢能和生物质燃料实现重载交通、部分航空航运、部分化工行业的零排放。最后，以碳捕捉方式实现剩余大部分工业领域的零碳排放。

四、能源电力行业与其他重要行业的融合发展在加速启动

（1）绿色制造

实现"绿色制造"是我国实现碳中和目标的关键一步。2017年，

钢铁、水泥、石化化工、有色金属等高耗能制造业的碳排放量合计约占全国碳排放量的36%。制造业行业减排的难度取决于行业碳排放结构，如行业来源于电力的碳排放占比较高，那么随着火电被绿色电力替代和企业的自身减排，行业碳排放有望大幅减少；如行业非电排放占主导，则需要通过自身技术路线变更或当前技术方案改造实现减排，但这意味着更高的绿色溢价。

各行业需要尝试利用现有的技术创新可能性以及可用的公共政策工具，探索出一条最优的碳减排路径。电解铝、一般制造业由于主要碳排放来源于电力，降低排放难度最低，随着火电比例逐步降低至零，到2060年电力碳排放有望接近中和；钢铁工业有望通过将高排放的高炉产能转化为低排放的电弧炉[1]，以及进行高炉技改[2]，大幅削减碳排放量，这需要通过公共政策工具鼓励企业自主减排，推动行业产能的整体升级；水泥和石化化工工业在目前条件下缺乏大幅减少碳排放的成熟技术，对碳捕捉依赖度较高，也需要通过政策鼓励企业技改减排。2030年后，伴随着技术取得突破和部分高耗能行业供需总量的下滑，制造业各行业绿色溢价将普遍迎来迅速、大幅递减，到2060年绿色溢价可达到企业可负担的低水平，或低至零；而尚未有成熟减排路径的行业绿色溢价届时也将大幅下降，企业可以通过适当提价传导成本压力，能够部分负担碳排放的内部化。

（2）绿色交通

2018年中国交通运输碳排放占社会总碳排放比重达9.7%。随着人均GDP的增长，2060年交通运输周转量会翻倍，未来交通运输碳减排压力较大。

---

① 技术完全成熟。

② 技术尚未成熟。

绿色交通意味着更清洁的能源和更高效的能耗。清洁能源是治本之法，节能减排是辅助之道。乘用车领域实现碳中和的路径整体较为清晰，中国在锂电池领域的优势将有望带动中国乘用车行业实现碳中和的弯道超车。轻量化材料技术能降低车辆整备质量，减重车身，而混动技术是车企在实现新能源汽车完全替代前减排的最优方案。其核心技术——锂电池也已进入大规模量产阶段，成为实现乘车出行碳中和的重要方向。商用车领域，氢燃料电池替代传统燃油、动力单元技术和尾气后处理技术进步以及数字化提升公路货运效率将成为可能的减排路径，其中最为高效的是氢燃料电池的发展。航空和航空运输业具有能耗高、运距长的特点，"脱碳"的难度更大，更加依赖技术进步，比如新能源替代传统航空燃油，此外，还可以通过优化运营小幅降低碳排放。而铁路是比较确定可以通过电气化脱碳的行业。

对于技术变化而言，目前动力电池技术演化和平价具备较强的确定性，而氢燃料电池技术存在超出或者低于我们预期的可能性。按照锂电池产业目前的发展模式看，未来五年电池技术将进一步降本提质，600~800千米电动乘用车走向平价，5~10年新一代技术[①]初步落地，而10~15年新一代技术将实现产业化，并带动船舶、小型飞行器等电气化。配合制造环节、回收环节碳足迹追踪，锂电池有望彻底实现零碳排放。而在氢燃料电池领域，系统成本和用氢成本均很高。目前主要有天然气和煤气重整制氢与新能源发电制氢两大主流路径，新能源电解水制氢是中长期主要路线。运输成本、终端加氢成本的下降均有赖于技术进步，而规模化和国产化是主要推动力。

（3）绿色城市

建筑全过程碳排放占社会总碳排放的36%，其中建材生产、建筑

---

① 如固态电池。

运营是主要排放源。目前，我国建筑业生产碳排放占比明显高于全球水平，建筑部门节能减排对于经济整体实现碳达峰、碳中和目标有重要作用。中国建筑全过程碳排放在近十年间主要由大规模城市建设带动，其中又以"十一五"到"十二五"期间复合增速最高，"十三五"期间增速放缓，体现出一系列节能减排措施卓有成效。

目前可实施的减排路径如下：在建材生产端，一方面可以通过技术路线改造替换、技改等方式减少建材生产的碳排放；另一方面可以通过推广轻质隔墙材料等绿色建材来进行碳减排。在建造端，一是减量，基于城市实际的需要和承载能力进行合理、科学的城市规划，减少不必要的新建筑，同时提高建筑质量和建筑使用寿命，降低建筑新建和拆除规模；二是增效，可通过建筑工业化、数字化来提高施工效率、减少建筑垃圾以减少碳排放，也可以通过提升工程机械的电气化率来进行碳减排，如水泥生产通过技改降低单位煤耗、电耗，钢材通过高炉转电炉减少碳排放，铝生产则受益于电力结构优化，还有新材料如轻质隔墙板在生产过程中产生的碳排放也要低于砖瓦。在运行端，一方面推广先进的节能产品，如被动房、超低能耗建筑；另一方面采取全过程综合节能方案，覆盖建筑设计、建材采用、建筑运营、能源系统和设备以及可再生能源系统等，如在供暖领域，目前集中供暖效率更高，且煤炭是主要热源，因此短期需要提升供热效率，长期则受益于能源结构转型，同时逐步降低建筑能耗。

五、跨行业整合技术资源、政策资源，拓展经济技术指标的发展思路

"碳中和"意味着我国能源体系必须向更清洁和更安全的方向转型，且具有更经济的能源结构。从目前推演出的技术来看，虽然未来不排除技术突变的可能，但是部分领域并不能在先行技术路径下实现平价，比如氢能工业供能等，因此部分行业的绿色溢价可能一直为正，需要政策强力推动碳中和的实现。政策上，首先应结合非化石能源发展，以电气化率提升解决一部分非电能源的碳排放问题，然后以两个20年为周期推动氢能和碳捕捉技术的产业化和规模化，并服务各行业，推动各个领域全要素实现零排放技术的经济性和可行性。综合现在各类分析，预计到2060年70%的能源将由清洁电力供应，约8%由绿氢支撑，剩余约22%的能源消费将通过碳捕捉等方式实现碳中和。为实现这一目标，需要供给端和需求端共同努力，供给端的政策支持导向应为依靠电力的清洁化以及非电的清洁化的大规模、高效率、产业化应用，需求端的政策应着眼于支持电力、氢能等新用能形式的承载和落地。

针对细分行业，则可以通过跨行业、跨地区整合技术及政策资源助力经济技术指标提升。以交通运输行业为例，我们既需要从行业维度，如车电分离模式创新，又需要从技术维度，如氢燃料电池标准制定，分别给出一些政策建议。行业政策方面，针对乘用车和商用车我们需要引导产业政策转向市场化、创新化。目前新能源补贴的边际效应减弱，应推出双积分政策对技术路线加以引导，促进混动技术在燃油车当中的使用，同时要求车企不断提高纯电动车型占比，指引行业长期发展方向；并且考虑不仅在购买环节给予补贴，在用车环节如充电桩、换电站等，同样给予补贴。政策导向还应当为创新商业模式提供支持，例如车电分离能有效降低车辆初始购置成本，降低消费者对电池使用寿命的担忧；再如换电站运营模式偏重资产，初始投资成本高，需要产业和政府支持等。在消费端，我们也要鼓励消费者形成更环保的驾驶习惯；推动车辆物联网化，减少交通拥堵，提高出行效率。技术政策方面，燃料电池产业化应用需要政策推动。目前我国正处于为期四年的氢燃料电池车试点推广期，应以构筑完整产业链为目标，聚焦技术创新与产业链基础发展，定位实际应用场景，探索有效商业模式，以实现良性发展。在更长周期，我们可以推动氢能源基础设施与燃料电池系统标准的制定，完善产业链权责；长远规划基础设施建设方案，以保障中长期规模化应用落地与发展的确定性；进一步明确应用路径并指引氢能源在特定交通场景中的应用路径与推广目标；尝试推动氢燃料电池系统应用的跨国合作，扩大中国燃料电池产业链的供应覆盖面，加速产业规模化发展。

实现碳中和应重视发展转型金融

中国碳中和 50 人论坛特邀研究员

王广宇　华软资本集团董事长

华夏新供给经济学研究院理事长

碳中和是全球新的价值共识：各国既要快速发展经济，也要建设可持续高韧性社会，尽早实现温室气体净零排放，规避温室效应导致生存环境恶化的可能。中国做出2030年碳达峰、2060年碳中和的承诺，是人类气候合作领域的里程碑式的事件，金融投资机构应该深入思考如何支持碳中和实现。

金融支持绿色转型、实现碳中和的作用域

比尔·盖茨在其新著《气候经济与人类未来》中预测，温室效应带来人类社会非正常死亡的人数和造成的经济损失，相当于未来每十年发生一次新冠肺炎疫情可能导致的损失。从金融角度看，当今社会包括企业、金融部门及投资者合力促进"碳中和"的意义在于：面对未来可能出现的气候灾难或重大损失，人类主动为自身购买一项巨灾保险。有人表示预测可能不准，也许未来气候变

暖并没那么严重，气候危机带来的损失也可能不大——但人类只有今天投资了这份保险，面对未来气候风险和不确定性时才有工具对冲。

金融服务实体经济的战略思考中，也应该研判如何履行和支持绿色转型的责任和实现路径。结合目前业务实践，金融支持绿色转型和实现"双碳"目标主要有三个作用域：绿色金融、碳金融以及转型金融。

绿色金融的概念有严格界定，也有明确的国际共识，这也决定了其规模和覆盖面有限。绿色金融的主要产品是银行绿色信贷和绿色债券，前者主要投向基础设施绿色升级和清洁能源，后者主要投向国有企业。目前中国的绿色金融发展迅速，但总体规模有限，一些深层次问题有待解决。

碳金融主要指与碳排放权交易有关的金融市场业务。当前各界对碳金融问题比较重视，碳权、碳汇、碳配额等碳金融专业术语及讨论热火朝天。中国在多年试点基础上，正在设计和推出明确的碳金融市场体系，出台了相关的制度安排。碳金融市场在中国已起步，如何吸引更多企业和投资者参与则任重道远。

转型金融是碳中和目标确定后金融业面对的新挑战、新问题。当前业界对它的定义还没有达成一致，有关研究也刚刚起步，但总体来说，转型金融就是为构建绿色低碳的产业、清洁高效的能源和可持续发展的商业体系，金融市场相应做出的主体业务调整。实现碳中和，并非只有将资金投向清洁能源和低碳产业的"绿色金融""碳金融"才有价值，金融业面对的整体挑战是：社会存在大量传统的非清洁、非绿色、非低碳但正在转向可持续发展的产业，市场与机构该如何应对？除扩大绿色金融份额之外，非绿色金融的业务体系和服务部门还能做什么？应不应该做出调整？答案其实非常清楚。相比绿色金融和碳金融，转型金融面临的挑战更多、规模和压力更大。

在本质上，转型金融是金融市场针对气候变化问题提供的所有能够减少或限制温室气体排放的主动调整性质的主体业务行为，主要体现为直接融资部门的绿色投资（权益金融）和间接融资部门的有目标指向性的转型金融服务（可持续信贷及金融工具）。举例来说，银行给予光伏风能企业的贷款属于绿色金融范畴，那么现存大量煤炭化石能源生产企业，如果确定了清晰的减排目标，有意愿改变资源投入结构，想使用先进的技术提升效率、减少环境污染，也有低碳发展的行动计划，银行如何支持？这就属于转型金融和可持续信贷范畴。

转型金融的覆盖面广、作用周期长、实施难度大，也正因如此才凸显其重要。2020年全球排放约510亿吨二氧化碳当量，工业（钢铁、水泥、塑料等）占31%，电力占27%，农业占19%，交通占16%，居住（温度调节）占7%，绝大多数是传统非绿色产业的排放。如何对其提供低碳导向的绿色投资和可持续信贷，促进其转型实现"洗绿""漂绿""染绿"，最终步入绿色经济殿堂？雄关漫道真如铁，市场机构和投资者对转型金融这一问题的研究还有待深化。

绿色金融：体系初成，前程远大

绿色金融的核心是成熟金融机构借助成熟的金融工具，为绿色产业发展提供金融推动力，包括绿色信贷、绿色股票、绿色基金、绿色信托、绿色债券、绿色保险等产品。党的十九大报告指出要"建立健全绿色低碳循环发展的经济体系。构建市场导向的绿色技术创新体系，发展绿色金融，壮大节能环保产业、清洁生产产业、清洁能源产业。推进能源生产和消费革命，构建清洁低碳、安全高效的能源体系"。多年来，政府金融监管部门出台了多项制度安排，引导更多社会资金投入绿色领域。2017年，国务院决定在浙江、江西、广东、贵州、新疆五省（区）建设绿色金融改革创新试验区；有关部委联合发布最新《绿色产业指导目录（2019年版）》；人民银行和证监会联合发布《绿色债券支持项目目录（2021年版）》，我国绿色金融标准体系初步建立。

有关绿色金融的几个深层次问题是：如何界定绿色产业和绿色客户（绿不绿）？如何做绿色评级（有多绿）？是否所有的绿色企业都是一样绿（绿多久）？此外，绿色金融的收益和成本估算等还都比较粗浅。举例来说：截至2020年末，中国绿色贷款余额近12万亿元，但只占到中国银行贷款总额的5%左右。这些贷款是绿色的，其他90%的贷款是什么颜色？如何转绿？有关机构已经做了很多工作，但银行如何为企业授信和定价？银行对绿色经济的理解还不清晰——并不是银行没有动力，而是其意愿受制于整个环境和制度，绿色信贷的发展还存在瓶颈。此外，绿色债券发展迅速但比重也很低。据气候债券倡议组织数据，2020年全球累计绿色债券发行额达到创纪录的2695亿美元。中国共有153个主体发行了218只绿色债券，累计发行金额2221.61亿元，约占同期全球绿色债券发行规模的11.9%，这只占到同期中国债券余额的0.4%左右。

未来发展绿色金融需要做好以下几方面工作：一是建立更完善的绿色金融标准，使金融机构能够快速准确界定绿色项目；二是金融机构应该增强识别绿色项目的能力，从提高业务能力入手，解决辨别项目的绿色程度能力较弱、投资和业务意愿不强的问题；三是绿色金融体系应该进一步创新、发展更多的工具和产品，应对市场需求；四是绿色金融的市场和监管体系需要加快完善，包括对市场准入、项目开放、风险登记、对冲补偿等制度的健全。

碳金融：创新交易、强力减排

碳金融主要指与碳排放权交易有关的金融业务，属于法律体系和政策所逐步实现的市场设计。依据2021年2月1日开始施行的《碳排放权交易管理办法（试行）》，碳排放权是指分配给重点排放单位的规定时期内的碳排放额度，而碳排放额度是碳排放权的载体，企业可在碳市场中自由交易、转让持有的多余配额并获得一定收益，投资者也可按规定参与碳排放权的买卖交易。

目前碳排放权市场已正式进入第一个履约周期，有关法律法规对碳排放权采用相对较窄的定义。广义的碳排放权则包括碳配额和碳信用：在碳排放配额机制中，政府通过设定上限直接约束重点企业排放额，目标是减少它们的排放总量；在碳信用机制中，政府允许企业创造基于减排或者减少温室气体的项目，从而生成减排量核证，抵消碳排放配额，提高碳吸收总量。碳信用机制最好的应用是中国国家核证自愿减排量CCER，2020年国际航空碳抵消与减排计划（Carbon Offsetting and Reduction Scheme for International Aviation，CORSIA）宣布可用CCER进行抵消，为CCER接轨国际提供了契机。

碳市场可以分成一级市场和二级市场。一级市场是指政府与重点排放单位之间的交易，二级市场是指重点排放单位之间或其与投资者之间的交易。目前，一级市场碳排放的配额是由政府免费发放的，因此，碳定价的机制体现在二级市场。中国碳排放权交易市场将分为全国碳排放权交易市场与地方碳排放权交易试点市场。自2011年以来，北京、天津、上海等8个地区已陆续开展碳排放权交易试点，但2020年地方交易量只有16亿元；市场流动性不足导致市场成交价波动大，远低于资产合理价值，2020年北京碳排放均价为80元/吨，上海均价为40元/吨，其余各地也都维持在20~50元/吨，交易总量也远达不到可以降低排放成本、减少排放的要求。《碳排放权交易管理办法（试行）》推出后，确定了交易采取协议转让、单向竞价的模式，这与其他商品现货交易所的建制是一致的，当前确定的交易场所在上海，结算机构在武汉，CCER和国家碳排放配额抵消在同一系统中登记，中国碳金融市场已于2021年7月正式面世。

除碳排放权交易之外，在可以预见时间内，碳金融衍生品、期货、质押融资领域中都可能会出现一系列的新金融工具。碳排放权作为现货当期来讲是配额，未来是不是可以提供创新型的期货产品？预期广州期货交易所很快可能首先推出碳排放创新期货产品。另外，一旦把碳排放配额当作确定碳排放资产，在会计处理中便会确定成企业的资产，作为资产就自然而然可以用作质押融资，这也打开了碳金融与绿色金融的业务创新空间。

碳金融有"天生全球化"的特性，必然会走向国际交易。一个国家基于消费实现的碳排放和基于国土的碳排放，常常是不一致的。所以经济学上有一个"污染天堂"假说：发达国家通过贸易把温室气体排放和污染转移到发展中的制造业大国。中国基于自己国民的消费，并不需要这么多的碳排放，但基于分工的制造业大国地位为其他国家的商品制造承担了更多的排放——这个讨论富有争议，导致碳金融在国际接轨中一个核心问题，即碳边境税。毫无疑问，像美国等发达国家基于消费的碳排放更多，如果中美进行碳排放权的金融交易就要考虑到"碳边境税"，这为未来碳金融国际合作增加了新的变量。

中国碳金融的发展，首先，不仅要为重点企业确定排放配额，而且要建立排放源可追溯的机制。要进一步探索企业涉排涉污相关信息的公开，使媒体和公众有进一步监督的空间。未来，企业用投资手段购买更多配额是战略要求，此外，还要采取更积极、更主动的低碳和减排措施。只有建立排放源可追溯机制，才能使得社会各界的监督行为变得具有可能性。其次，要培育碳金融交易的基础能力。碳金融交易作为新兴事物涉及很多主体，目前交易环节、交易方式和程序比较复杂，无论是政府还是企业或投资者都需要较长时间才能适应，形成能力则需要更久。只有让市场创造更多的交易机会，更多企业参与以高效方式处理碳权，更多投资者通过碳金融交易获利，这一领域才有持续发展的价值，要避免"一窝蜂"、上得快销声匿迹得也快的现象。最后，要进一步丰富碳金融产品。当前的主力产品是配额和排放权交易，未来更多金融产品要加快推出，包括期货、衍生品、融资产品等都要进一步试点推广，引导企业选择适合自己特点和需求的碳金融产品。

转型金融有助于降低绿色溢价

《气候经济与人类未来》一书界定的绿色溢价是零碳排放能源成本与传统能源成本之间的差价。只有绿色溢价日益降低，才能真正地实现零碳排放。降低绿色溢价的措施有两个：一是在传统能源成本不变的情况下，降低零碳排放成本；二是在零碳排放成本不变的情况下，提高传统能源成本。对于中国这样的发展中国家来说，在短期内看不到零碳能源成本大幅度降低的可能性，提高传统能源成本的空间也不大，比如让煤炭和汽油涨价难度非常大。因此，一方面，转型金融的绿色投资（包括风险投资和权益投资）要发挥作用，把更多的资金投在科技、创新零碳和低碳技术，投在能源、制造等突破性领域，使零碳排放成本大幅度下降。另一方面，如果零碳排放的成本不可能快速降低，则可用其他金融工具，适时改变传统能源成本定价，甚至推动兼并整合，最终提高能源综合效率。

转型金融有助于降低绿色溢价，绿色权益投资与可持续信贷两者的业务前景都十分广阔：要么风险投资催生颠覆性的技术，使行业完成技术替代；要么使用导向性的金融和可持续信贷工具，使企业有动机降低能耗、提高效率。传统金融服务对绿色低碳和可持续问题的关注不够，对于什么样的机构能够认定绿色溢价、如何确定成本收益等问题都没有答案，也缺少行动。转型金融广泛介入后，社会各界包括企业和个人，开始关注自身碳账户和碳轨迹，关注金融投资者的要求和产品服务的导向，这会引发深层次的经济结构和生产结构变化。

绿色投资和可持续信贷可以围绕三个主战场发力：驱动清洁能源可再生，推动制造业转型和减排，促进农业现代化和科技化。

第一，驱动清洁能源可再生。世界可再生能源投资额现在达到历史最高水平，2020年可再生能源发电占整个发电比重为20%，2030年预期将达到30%。中国可再生能源发电也有了很大发展，截至2020年底，我国可再生能源发电装机总规模达到9.3亿千瓦，占总装机的比重达到42.4%，当年可再生能源发电量占全社会用电量的比重达29.5%。到"十四五"末可再生能源发电装机占我国电力总装机的比例将超过50%。预计可再生能源在全社会用电量增量中的占比将达到2/3左右，在一次能源消费增量中的占比将超过50%。需要更多、更安全的长期投资，支持可再生能源从原来能源电力消费的增量补充变为能源电力消费的增量主体。

第二，推动制造业转型和减排。中国制造业中能源密集型的六大制造业包括化学原料及化学制品制造业、非金属矿物制品业、黑色金属冶炼及压延加工业、有色金属冶炼及压延加工业、石油加工炼焦及核燃料加工业、电力热力的生产和供应业，这些产业的转型、减排空间和难度都不小。有关统计表明，以发电和上述主要制造业为代表的产业的碳排放，占中国碳排放总量的80%以上——这些行业同时多是资金密集型，使转型金融发挥作用，驱动六大行业实现能源应用转型、减少排放，是当前最大的机遇。

第三，促进农业现代化和科技化。不少人认为，农业产品本来就是天然绿色的，碳排放没有那么多；但事实并非如此，农业中除二氧化碳直接排放之外，甲烷和一氧化氮排放也较多。全球数据表明，农业占到总排放的17%。如畜牧业排放的甲烷、种植业排放的一氧化二氮，对农业总排放量影响很突出，如果折合成二氧化碳，1吨甲烷相当于28吨二氧化碳，1吨一氧化二氮相当于265吨二氧化碳。传统农业生产和生活习惯不改变，养殖产业、种植堆肥、过量使用氮肥、森林砍伐和燃烧等都会造成复杂的排放问题。转型金融可以积极发力，支持农业龙头企业和产业振兴，在动植物资源和育种、新科技型营养品生产，农业基础设施升级和精准农业服务创新领域发挥重要作用。

权益金融"转绿"、催生碳中和技术

转型金融最大的价值空间在于，权益金融机构能在多长时间内全面战略"转绿"——能够孵化和创造多少碳中和技术，何时能够投入应用。权益金融部门应该明确"转绿"的计划和战略，将更多的长期资金投入前沿研发和开创性领域，推动碳减排、零碳技术的革新。"转绿"的风险投资及其投资的创新企业，大力发展低碳技术，会获得商业化的超额奖励和资本市场的成功激励。

碳减排技术是要降低能源消耗的技术，广泛应用于生产生活，如火电厂效率提升、煤改气、能源网络灵活性改造、工业节能、家电节能都是典型案例；另外，新进展也延伸到其他领域，如人造肉的兴起，有可能降低畜牧业中动物排放量。碳减排技术需要大量、长期的资金投入，以及众多技术人员和企业持之以恒地进行商业化改造、规模化使用，才能真正发挥作用。

零碳技术的想象空间更大。例如在能源转型方面，不少人认为氢能是终极能源，有人甚至认为核聚变是最终能源解决方案。目前氢能的发展前景被普通看好，它比电动车中使用的锂电池储能密度更高。但是与氢有关的技术还欠成熟，还有绿氢生产、液化、储存、燃料电池及安全等问题亟待解决，氢能要成为交通主要能源，应用于汽车、轮船和飞机，还需要大量的投资和创新企业前赴后继。

未来科技的发展是无尽的，零碳技术可能出现颠覆性突破。比如，二氧化碳屏蔽地球表面形成温室，地球的热主要来源于太阳照射，一项空间能源平衡技术的设想便应运而生——可否像发射卫星一样在大气层之上构建日光反射片，从而降低地球表面接受的光能，达成新的能源平衡？这一技术非常有想象力，在实验领域引发了非常火热的讨论。另一项新技术是碳捕捉和碳储存，也就是说，采用某种方法把二氧化碳回收储存起来。从空气当中捕捉二氧化碳，相当于从2万多个分子中捕捉一个二氧化碳分子，难度和能耗之大可想而知，前沿的碳捕捉研究有了一些成果，仍需要更多的投资者支持和更多的创业者躬身入局——毕竟，只有前沿科技突破才能使人类真正免于环境危机。

这样看，权益金融"转绿"是否成功，是支持绿色经济转型的关键。除风险投资外，股权和并购等金融资本也会关注低碳企业的整合兼并，限制传统能源技术应用，为优秀的绿色企业提供更多金融动力。即使对单纯的市场投资者而言，气候变化也关系到长期投资保值，气候变化的影响使投资机构不能通过简单的分散投资或者撤销投资来规避风险。因此权益金融机构需要尽快主动"转绿"，通过积极的ESG和负责任投资管理，确定净零目标，把握转型机遇，实现整体投资价值的长期提升。也只有如此，权益金融机构才会督促客户（或者被投资企业）管理气候风险，支持其改变发展战略，改变资本配置，调整技术部署，关注可持续和环保责任，为实现"双碳"目标持续努力。

重视数字化减排、弘扬企业家精神

实现碳中和的最终路径，必须靠政策、技术和市场三者合力完成：政府出台科学的政策，科研部门提供创新技术，企业家提供市场和商业发展。其中，实体企业在这一过程中扮演着重要的角色，必须借助数字化工具，提升效率，实现减排；同时必须弘扬企业家精神，创新技术和产品服务，最终实现低碳绿色的经济发展。

自新冠肺炎疫情暴发以来，数字化浪潮给全世界每个人的生产、生活方式带来巨大变化。同样，数字化转型也为碳减排提供巨大推力。除去数字化支持金融部门构建碳市场、促进碳交易、提高市场效率而产生的补充效益外，数字化减排体现为降低数字产业自身碳排放的直接效益，以及推动其他产业减少碳排放的间接效益。

在直接效益方面，数字经济和电子信息产业本身对减排和污染防治较为重视，在中国，数字经济将长期占据最大、最具潜力的产业地位，特别是智能制造、智能农业和移动智能等领域，减排积极性较高。据GeSI and Accenture Strategy预测，ICT（信息通信科技产业）有望到2030年将全球二氧化碳排放量减少20%。BCG统计则称从2011年到2020年，ICT广泛应用可减少9.1亿吨二氧化碳当量（tCO_2e）的温室气体排放。如何发展更低能耗的数字产业，更好地规划、建设、运行数字城市网络，如何依靠人工智能（AI）提高能耗管理水平，都是未来减排和低碳发展的研究方向。

在间接效益方面，数字化可以推动传统产业数字化转型，改进能源配置结构，提高清洁能源替代程度，促进传统能源消费效率提升。

数字化还可能帮助构建能源互联网和物联网。能源互联网的价值在于通过应用数字化技术，生产者可以更快速、更灵活地开展能源生产和储存；借力全球化数字运营，能源网络（电网）可以降低成本，在传输领域以智能化、网络化模式优化输送能力；使用者可以创新商业模式，实现生产效率提升；在能源消费和服务方面，可以由多元的市场参与者围绕消费端的精准数据及万物互联（IOT），提供一系列绿色节能数字产品和服务，实现能源生产消费全链条的绿色转型。

金融服务实体、投资注入实体的关键都是企业家，企业家群体在双碳转型中发挥着特别重要的作用。创造新的产品和新的技术，推进其在零碳产业中的规模化应用，引导长期资本投向改变未来的科技——在实现碳中和问题上，企业的作用是最特殊的，企业家精神是最稀缺、最重要的。如果没有企业或企业家的介入，碳中和可能只能停留在口号层面。

当前碳中和的政策、法律制度和发展环境正在完善，新一代企业家应以更强的使命感响应国家号召。科技发展包括零碳低碳技术，数字化和转型金融的赋能，为企业进行低碳绿色转型提供了高标准舞台——从企业角度可以"重做一遍"：数字化转型重做一遍是重新界定客户、产品、品牌、渠道和利益相关者，低碳转型的时代则要在节能减排、通过产品引导消费者的"双碳"行动中，开拓新的发展道路，制定新的商业模式。更关键的是，当前中国和国际社会处于合作的特殊时期，碳中和合作已成国际共识，企业家本来就承担着连接本土和国际市场、联通中国和全世界的职责，应该把握国际气候合作的良好机遇奋发而为。只有更多的企业家躬身入局，更多转型金融的行动举措涌现，更多创新颠覆性科技发明出现，更多绿色可持续企业才能得到发展，"双碳"目标和高质量经济发展才能够更快实现。

蚂蚁集团碳中和路线图

蚂蚁集团是全球领先的金融科技开放平台，致力于以科技推动包括金融服务业在内的全球现代服务业的数字化升级，携手合作伙伴为消费者和小微企业提供普惠、绿色、可持续的服务，给世界带来微小而美好的改变。蚂蚁集团希望每一个个体都可以享受到普惠、绿色的金融服务；每一家小微企业都拥有平等的发展机会；通过开放合作，让数字生活触手可及。

一、蚂蚁集团碳中和承诺

为了响应中国2060年碳中和目标，蚂蚁集团决心启动碳中和行动，邀请中环联合认证中心（以下简称CEC）对2020年碳排放量进行盘查，多方论证制订蚂蚁集团碳中和方案，并邀请碳中和及相关领域行业专家进行评审并优化方案。2021年3月12日，蚂蚁集团郑重承诺：2021年起，实现运营排放碳中和（范围一、二）；2030年，实现净零排放（范围一、二、三）；定期披露碳中和进展。

二、蚂蚁集团碳中和目标范围

依据相关温室气体排放核算与报告标准，蚂蚁集团的碳中和行动将涵盖二氧化碳、甲烷、氧化亚氮、氢氟碳化物、全氟碳化物、六氟化硫和三氟化氮等七种主要温室气体。范围将涵盖经营活动的所有相关温室气体排放——范围一：蚂蚁集团消耗的化石燃料燃烧所导致的直接排放，包括固定燃烧源排放、移动燃烧源排放、逸散排放（制冷剂泄漏排放、灭火器泄漏排放、化粪池排放）；范围二：消耗的电力和热力等外购能源所导致的间接排放；范围三：供应链上的相关间接排放，包括使用租用数据中心服务、员工商务旅行、员工集中通勤租用车辆所导致的排放。

未来，蚂蚁集团将逐步提升识别和测量碳排放的能力，推动实现全供应链的碳中和。

三、蚂蚁集团碳中和行动计划

蚂蚁集团将充分发挥互联网科技企业的优势，在推进自身减排的同时，带动供应链上下游共同实施降碳举措，力争尽早实现碳中和目标。蚂蚁集团将明确和不断优化碳中和路径，实现最大程度减排，具体包括：

（1）积极推进绿色园区建设，降低建筑、运输等领域的碳排放

2021年起，蚂蚁集团将实现运营排放（范围一、二）的碳中和。同时，蚂蚁集团将不断推动可再生能源的使用和自身降碳行动，到2025年将范围一和范围二的碳排放量在2020年的基础上降低30%。

一是现有园区进行节能减排改造，提高能效。逐步推行自建办公

园区使用可再生能源电力。评估光伏发电、风光互补、太阳能供热等可再生能源供应的可行性，优化办公园区的能源供应结构。至2030年，集团已有自建办公园区最大程度实现可再生能源电力供应。采取多元化节能减排措施，对现有办公园区进行绿色化升级改造。比如：优化空调负荷及空调系统的冷、热源机组能效；使用节能设备等，从源头减少能耗；建设可视化、智能化的能源管控中心，对能源消耗实施精细化管理；等等。

二是新建园区按照绿色建筑标准进行设计、建设与运营。蚂蚁集团将严格按照绿色建筑标准设计、建设与运营新建办公园区。比如：使用低碳水泥、环保涂料等绿色建材；关注建筑本身的性能，如节地、节水、节能、节材以及环境保护；等等。并通过绿色建筑专业认证。

（2）提升员工碳中和意识，鼓励员工积极参与减排

蚂蚁集团倡导员工踊跃参与公益活动，每人每年至少付出"三小时"志愿服务，或者以自身专业技能解决社会问题。蚂蚁集团将建立激励机制，鼓励员工践行低碳生活方式与绿色办公方式，激发员工创意，以公益方式积极参与减排。

（3）针对供应链的碳减排行动

一是持续推动数据中心节能。蚂蚁集团将积极推动上游数据中心利用自然资源、液冷等节能措施降低PUE值，选择PUE值低于行业平均水平的数据中心；到2025年，蚂蚁集团数据中心整体实现可再生能源电力消耗占比达到30%。推动供应商数据中心充分发挥互联网科技企业优势，进行持续低碳创新。①通过优化选址、利用自然资源、液冷技术等措施，降低数据中心的PUE，建设示范型绿色低碳数据中心。②与供应链共同推进数据中心使用或通过电力市场化交易方式购买所在地区的可再生能源电力。在确保安全的前提下，优先使用可再生能

源电力，打造高效可靠的绿色数据中心。③推进可再生能源投资，保障数据中心实现可再生能源替代。

二是建设绿色采购机制，逐步推进供应链的碳中和。全面推进无纸化采购。持续提升环保产品的设计与应用，优先选择低碳高效生产/服务模式的供应商。

三是2021年起，将碳减排管理目标纳入供应商管理准则，2025年前实现供应链碳排放全面盘查，逐步推动供应商制定碳中和目标并实施。

（4）积极稳妥探索绿色投资

蚂蚁集团将稳步推进绿色投资，共建碳中和技术创新基金。在蚂蚁集团相关领域推动节能减排投资，积极寻求绿色科技的投资契机，引导资本向低碳领域流动。蚂蚁集团绿色投资持续关注清洁能源、环境治理、碳中和等绿色核心产业和前沿市场，并将加大数字化赋能企业绿色生产、中小微企业和个人参与绿色的场景应用等方面的投入。

（5）加强温室气体科学管理，提升碳中和信息透明度

温室气体科学管理是蚂蚁集团实现"净零排放"目标及落实减排路径的基础。蚂蚁集团将依据国际标准，与第三方专业机构一起以科学严谨的态度开展温室气体排放核算。同时，建立温室气体排放跟踪与监控机制，率先把区块链技术应用在碳中和的过程中，利用区块链技术的防伪和防篡改的特点，将所有碳排放及碳减排数据上链，实现记录不可篡改，随时可追溯查证。并将进一步完善信息披露制度，定期披露碳中和成果，持续增强碳中和信息透明度。

（6）审慎评估和使用碳抵消方案

蚂蚁集团将尽最大努力减少全价值链的碳排放，达成碳中和目标，对于基于固有条件的限制无法减排的部分，也将审慎评估和使用碳抵

消方案。

一是投资森林及其他基于自然的解决方案。自2021年起，蚂蚁集团将每年开展以员工名义种植碳汇林等活动，适时开发合格的碳抵消项目，用于抵消剩余排放量。

二是购买碳信用产品，用于抵消减排后的剩余排放量。蚂蚁集团将通过购买合格的碳信用产品进行碳中和，实现净零排放。

四、打造绿色数字经济平台，倡导全社会共同行动

在认真践行自身碳中和承诺的基础上，蚂蚁集团将积极发挥互联网平台作用，打造绿色数字经济平台，倡导公众践行绿色生活方式，创新绿色金融服务，带动行业广泛参与，共同打造绿色低碳的未来。

（1）继续通过"蚂蚁森林"带动与激励公众践行绿色生活方式

"蚂蚁森林"是由蚂蚁集团于2016年8月在支付宝客户端推出的一款公益应用：用户通过步行、地铁出行、在线缴纳水电煤气费、网上缴交通罚单、网络挂号、网络购票等减少碳排放的行为，积累相应的绿色能量用以在手机里"种树"；用户每养成一棵树，"蚂蚁森林"和公益伙伴就会在荒漠化地区种下一棵真正的树，从而通过该创新模式带动与激励公众参与个人行为减排，践行绿色生活方式，改善生态环境。截至2020年8月，接入支付宝蚂蚁森林的低碳场景超过30种，5.5亿"蚂蚁森林"用户累计碳减排1200万吨，在荒漠化地区种树超过2.2亿棵，开展公益保护地保护超过270平方公里。未来，蚂蚁集团将：

一是持续投入蚂蚁森林公益项目。蚂蚁森林希望每个人都能真切感受到自己的行为对环境的影响，也希望每个人都积极参与到改善环境的行动中来。蚂蚁森林是纯公益项目，不会给蚂蚁集团带来任何资金收益。蚂蚁集团每年投入在蚂蚁森林项目上的数亿元费用属于纯公

益捐赠。

二是约定蚂蚁森林不会用于蚂蚁集团自身的碳中和。蚂蚁森林种下的树，属于国家、属于社会，蚂蚁森林迄今未参与过碳汇交易。蚂蚁集团与公益机构协议约定：未来如果蚂蚁森林产生碳汇，将全部用于公益。

三是承诺如果蚂蚁森林里记录的个人碳减排量未来能交易，产生的所有收益将属于用户个人。蚂蚁森林的"绿色能量"是根据低碳行为而设计出来的虚拟积分，目标是倡导公众践行低碳生活，迄今并不能参与碳交易。目前全球正在积极探索将个人碳减排量纳入碳交易体系，如果未来蚂蚁森林用户低碳生活行为所对应记录的"个人碳减排量"能够纳入碳交易体系，所有收益将属于用户个人，不属于蚂蚁集团。

（2）发挥金融科技平台能力，与合作伙伴一起推动绿色金融发展

金融科技可为绿色金融发展带来成本、效率、安全和数据真实性等方面的改善，对于推进绿色金融体系建设有着巨大潜力。蚂蚁集团希望与合作伙伴一起推动绿色支付、绿色信贷、绿色消费、绿色保险、绿色基金等绿色金融的创新与广泛应用，引导金融资源向绿色创新倾斜，为各行业的绿色低碳转型提供有力支持。

一是继续提供便民快捷的电子支付、扫码点餐、电子发票等服务，减少纸张浪费，提高效率。二是建立小微企业绿色评价体系和绿色供应链认证体系，构建"绿色采购贷""绿色0账期"等产品，助力绿色企业融资。三是探索绿色金融支持绿色消费，倡导和鼓励用户选购绿色产品、节约资源和能源，转变消费理念。四是探索构建与节能减排行为相连接的创新车险模式，倡导公众减少出行、利用公共交通出行。五是发挥平台力量，搭建绿色基金主题专区，鼓励和倡导用户进行绿

色责任投资。

（3）与专业机构展开合作，发挥行业引领作用

蚂蚁集团将与专业机构合作，支持建立金融科技行业碳中和实施指南，推动行业的碳中和进程。同时，作为绿色数字金融联盟（Green Digital Finance Alliance）的发起者，积极参与"联合国秘书长数字金融工作组"在气候变化领域的知识分享和全球合作，联合国际伙伴开展区块链支持绿债发行和数字技术促进可持续融资等专题研究，促进全球绿色低碳发展。

学术与观点

中国碳定价政策设计与发展前景

曹　静｜中国碳中和50人论坛特邀研究员
　　　　清华大学经济系副教授

周亚林｜交通运输部科学研究院助理研究员

　　　　中国碳中和50人论坛联席主席
　　　　清华大学经济管理学院院长
白重恩｜清华大学经济管理学院弗里曼讲席教授
　　　　美国加州大学圣地亚哥校区数学博士
　　　　哈佛大学经济学博士

一、引言

2020年9月，习近平总书记在第75届联合国大会一般性辩论上向国际社会作出"碳达峰、碳中和"郑重承诺，在气候雄心峰会上提出了具体目标。2021年"两会"期间，全国人大审议通过的"十四五"发展规划和2035年远景目标纲要，表明碳达峰及碳中和相关措施正式执行。其中最为人所瞩目的是，2021年7月16日上午9点30分，全国碳市场在上海环境能源交易所正式启动，这是我国自2013年6月深圳首次实行碳排放交易试点以来的一个新的里程碑，标志着全国层面碳定价时代的到来，也表明我国已进入零碳跑道新发展时代。这也是我国提出"双碳"目标后国家气候减排行动的具体举措，随着全国碳市场的开启，首批被纳入碳市场的企业碳排放量超过

40亿吨二氧化碳，使得中国超越了欧盟碳交易机制（EU-ETS），成为世界上最大的碳市场，全球纳入碳市场管控的排放量份额也因此翻了将近一倍，中国碳市场的开启对世界碳市场发展与实践有着极其重要的意义。

由于传统市场无法解决二氧化碳排放带来的外部性问题，存在市场失灵现象，为解决二氧化碳的过度排放，政府可以人为创造市场，对碳排放总量加以约束，企业可以依法取得排放二氧化碳的配额，有多少配额就有权利排放多少二氧化碳。如果企业的碳排放量最终超过政府给予的配额量，则必须到碳市场上购买额外的碳排放权；而如果企业的碳排放量少于政府发放的配额量，则可以向外出售未使用的碳配额。企业的边际碳减排成本高于碳配额市场价格时，企业会到市场上去购买配额，而如果企业的边际碳减排成本低于市场价格时，企业可以自己多减排，剩余的配额就可以到市场上出售，最后市场平衡时，所有企业的边际减排成本趋于相同，在给定社会总减排目标下社会总减排成本实现最小化，也就是用最少的代价实现碳减排的目标。

通过碳市场，"碳排放权"这个虚拟产品被赋予了一定的价值，这就是碳价。碳市场上的碳价是通过约束碳市场总配额实现的。如果政府将市场总配额量定在较低的水平，那么需求旺盛，供给不足，碳价就高；相反，如果政府发放太多碳的配额量，供给过剩，碳价就低，这也是欧盟碳市场初期的最大问题。碳市场是通过限制碳排放量在碳市场产生碳价。碳定价机制的另外一种形成方式是直接征收碳税，即化石燃料的使用者在支付燃料价格后还需要多支付碳税，这种方式是通过调控价格形成碳价。虽然碳市场和碳税的碳价形成机理不同，但都提高了碳的价格，可以通过碳定价的传导改变企业和消费者行为，对长期投资和低碳创新起到引导作用。

目前，我国正处于"双碳"目标下的关键历史节点。一方面，从能源安全的角度来说，随着经济发展和人民生活水平的提高，我国已经成为世界第二大石油消费国和第三大天然气消费国，原油对外依存度近70%，天然气对外依存度也超过40%[1]，"双碳"目标的实现有助于解决我国目前面临的油气能源安全问题。另一方面，从能源结构来说，作为煤炭大国，我国煤电仍占全口径发电量的61%，火力发电占比更高达68%[2]。我们只有不到40年的时间实现"碳中和"，时间紧，任务重。要走好向低碳、零碳转型的道路，"碳定价"的顶层设计至关重要。只有设计出稳定而持久的经济政策，明确规则，调顺激励，理性的企业和投资者在考虑投资和生产行为时，才会将碳价纳入成本考量，才会自动选择更为节能、低碳、零碳甚至负碳的投资。有了投资和碳资产激励，零碳甚至负碳的技术创新才会随之出现，"碳定价"这个零碳"指挥棒"，就可以引导整个经济、社会的零碳转型。目前，碳定价政策的优点在国际上已被广为认可，全球范围内已实施或计划实施61项碳定价政策，其中包括30项碳税和31项碳市场政策，这些碳定价政策体系将共同覆盖全球约22%的温室气体排放[3]。此外，签署《巴黎协定》的189个缔约方中有一半以上的国家和地区，在其提交的减排承诺中表示将使用碳定价工具。对我国而言，当前最关键的是根据零碳目标和时间点，先建立"碳定价"的政策体系，再分阶段设定强有力的、不断趋紧的碳约束（碳配额总量或碳税），影响投资预期，用市场的手段更好地引导碳资产管理、技术创新，引导更多的企业开展可持续发展的ESG实践，更好地统筹供给侧和需求侧，激励供给侧的技术进步，鼓励消费侧生活方式绿色化。

我国"碳定价"政策早在近十年前就已开始布局，自2013年6月在深圳首次试点地方性碳市场以来，也陆续在北京、上海、广东、湖北、

---

① http://news.cnpc.com.cn/system/2020/05/25/001776244.shtml.

② 中国电力企业联合会《中国电力行业年度发展报告2021》。

③ https://openknowledge.worldbank.org/handle/10986/33809.

天津、重庆等地开展试点，碳市场具体规则由地方政府制定。结合我国碳试点和欧盟、美国等其他国家或地区碳市场的经验教训，全国碳市场在2017年末提出之后，正式于2021年7月从发电行业开始启动，涵盖2225家电力企业，其碳排放约占全球碳排放量的1/7。从电力企业首先启动，主要是因为电力产品单一，碳排放数据基础较好，容易核查；电力部门也是我国碳排放最多的行业，从电力部门着手，抓大放小，初始管理成本低，可以更好地控制排放总量的下降。按照全国碳市场的规划，"十四五"期间，石化、化工、建材、钢铁、有色、造纸、电力、航空这八个重点排放行业有望陆续被纳入全国碳市场，届时覆盖的年碳排放总量将达到80亿吨左右，约占全国碳排放总量的70%~80%[①]。

在我国努力实现碳达峰、碳中和的进程中，全国碳市场能发挥多大作用？碳市场后续发展与改革应当如何进行，才能更好地助力实现2060年碳中和的目标？我国的碳定价政策实施的背景比发达国家碳市场更为复杂，我国能源结构以化石燃料为主，现有燃煤电厂是否要大规模退役？电力市场改革能否顺利进行，以确保碳价信号上下游传导顺畅？碳市场下一步如何扩大行业覆盖范围，如何更好地引入拍卖机制？是否应该引入碳税政策实现全社会统一碳定价？如何将碳汇交易纳入碳市场？如何处理碳定价政策下地区发展不平衡？……当前我们正处于"十四五"开启社会主义现代化建设新征程的关键点，碳定价政策的制度安排和顶层设计至关重要，上述这些问题都需要政策设计者在准备和试运行阶段进行考虑，才能保障全国碳市场健康发展，并在实践中逐步完善，这样才可能最大限度发挥碳定价对各行各业生产和居民低碳生活方式的激励作用，加强CO_2深度减排技术的研发和推广，转换增长动力、优化经济结构、提高全要素生产率，更快实现从高碳社会向低碳、零碳

---

① http://www.xinhuanet.com/fortune/2021-07-13/c_1127649986.htm.

社会的转型。因此，本文从中国碳市场的政策设计出发，结合国内外实践经验，探讨中国碳定价政策设计及其发展过程中的一系列挑战与可能存在的问题，并对碳定价政策的前景进行展望。

二、逐步完善全国碳市场运行机制

目前，全国碳市场和地方试点碳市场还会有较长一段时间的共存，如何确保全国碳市场与地方试点碳市场合理连接是当前碳市场框架设计中需要重点考虑的问题。

（一）过渡时期全国碳市场与地方碳市场连接

我国的碳市场制度建设从地方试点起步，地方试点基本采取了自下而上的模式，因此各地试点碳市场从碳配额分配、市场运行等方面均呈现较大的差异。例如湖北强调市场活跃度；深圳注重市场的自发调节能力；北京和上海的政策导向性偏强，突出履约管理；而重庆发展较晚，碳市场活跃性相对较弱。这些差异以及后续的运行结果为全国碳市场建设积累了宝贵经验。从各地碳市场试点来看，大多数碳市场覆盖的重点排放单位均实现了很高的履约率，碳排放总量和强度保持双降，也激励了相当程度的低碳技术创新。地方碳市场较多采取历史法计算排放配额，而全国碳市场采用行业基准法；地方碳市场涵盖行业范围较广，全国碳市场从电力行业启动，即使扩展到八大重点排放行业，仍没有地方试点碳市场覆盖行业广；碳配额有效期不同；碳价差距也比较大，全国碳市场首日碳价达到每吨51元，而地方碳市场平均交易价格在每吨20~30元。这样就自然形成"地方粮票"和"全国粮票"共存的状态。面对发展进度不一的试点市场和全国市场，如何过渡统一成为一个整体的市场？下面我们从责任分权、连接模式以及协调发展三个角度着重讨论。

1. 国家顶层设计和地方适度调整相统一

如何实现试点碳市场和全国碳市场接轨的问题依然是设计的重中之重。在管理模式上，中国碳市场目前遵循"准联邦制"，即国家和地方适度分权，既体现全国市场顶层设计，例如统一碳市场配额计算与规则，设定最保守配额分配制度，同时又给予地方适度改良的空间，激发地方的能动性。因此，初期碳市场的机制设计就需要充分考虑到中央和地方的职责划分。一方面利用地方"绿色GDP"的发展动力和因地制宜的创新精神，在规则统一的原则下充分放权给地方，充分发挥地方政府在配额预算和履约管理中的重要作用，积极采纳地方政府的反馈意见和创新发明，从而形成正向的反馈机制；另一方面，中央除了设计市场统一的规则之外，还需要和地方共同协商排放权的分配、低碳资金有效循环利用等问题，同时还需要针对地方反馈的经验和建议对规则进行灵活、适度的调整，同时推动立法进程，降低权责界定不清晰、市场发展不平衡带来的市场风险。

2. 合理设计全国碳市场与试点碳市场的连接模式

落实到具体的连接模式上，目前实践中主要有三种：第一种是双边直接连接，两个交易体系基于协商一致的交易规则，在彼此的交易体系中使用或者拍卖配额，典型的例子就是加州和魁北克省之间的碳市场连接。第二种是多边直接连接，即多个交易体系之间碳配额使用的模式，典型的例子是美国的区域温室气体倡议（RGGI）市场。无论是双边直接连接模式还是多边直接连接模式，在未实施数量限制或其他方面限制的前提下均可有效地建立统一的配额市场。第三种是间接连接，当两个未连接的体系分别连接至相同的第三个体系，将发生间接连接。尽管未正式连接，但任意一个体系内的活动可能通过其对共同的连接伙伴体系的价格产生的影响而影响另一个体系内的市场，例如新西兰碳排放权交易体系，通过共同接受清洁发展机制下来自发展中国家的核证减排量，已与欧盟碳排放权交易体系进行了间接连接（Jaffe and Stavins, 2009）。而实现成功连接的关键在于，不同碳市场之间的方案设计要保持一定程度上的一致性，以确保结合之后的碳市场能良好运行。目前试点地区和全国碳市场明显发展不同步，短期内需要并行，以确保全国碳市场有能力承接试点碳市场的配额。而对于如何处理"地方粮票"和"国家粮票"的问题，中国的具体做法可以参考2012年澳大利亚和欧盟的连接方式。在第一阶段，所有的试点地区可以和全国碳市场（非试点地区）实施单向连接，试点地区可以结合自身和全国碳市场发展情况协商在某个特定时点之后使用全国配额，从而达到履约目的。等到全国碳市场具备承接所有试点地区碳配额的基础之后进入第二阶段，即双边连接，单个试点地区和全国碳市场的配额可以在一定机制设计下实现互换。第三阶段，当单个试点地区的配额可以在全国碳市场自由流通时，其实已经形成了良好的多边连接模式，进而可以形成真正的全国碳排放交易市场。

3. 平衡区域经济发展和二氧化碳减排

除充分考虑试点地区和全国碳市场如何连接的方案设计外，如何平衡不同区域之间的经济发展和减排绩效，同样是合理建设全国碳市场的重点之一。各省市的碳市场并非独立运行的减排机制，它需要和国家层面的政策环境协调一致，我们不能期望通过碳市场解决节能减排的所有问题，而是要设计灵活有效的操作机制，以便应对大政策环境的变动。因此，在实际配额分配计算中，中央允许地方对配额进行调整，即设立地方调整系数。经济发展较为领先、技术较为先进的省份可以利用地方系数调整来实现单位GDP的二氧化碳排放强度下降目标。各个地区资源禀赋不同，产业分工不同，因此实现碳达峰和碳中和的路径也有所差异，"双碳"目标实现的时间点也不同，应该考虑全国"一盘棋"，平衡区域经济发展和二氧化碳排放。目前碳市场仅涵盖化石燃料燃烧的直接碳排放和电力消费中的间接碳排放，从这个方面来说西部、东北部较贫穷的地区确实面临经济发展与减排负担矛盾的挑战，然而未来碳市场扩大，可以根据新能源抵消机制以及碳汇交易实现双赢，因为我国贫穷省份一般生态资源或风光资源都比较丰富。总之，灵活、合理的碳市场设计和国家层面的总体经济政策相互配合，才能够实现"双碳"目标和高质量经济增长的协同。但是，适当考虑地区差异并不代表碳市场的机制设计需要考虑到行业差异、地区差异的方方面面。建立全国碳市场的目的就是希望通过碳市场的统一调配，实现协调、一致的技术进步，共同实现减排目标和区域的公平发展。而目前试点碳市场和未来全国碳市场初期允许存在的价格不一的情况也势必随着碳市场不断发展和完善而消失。本文认为整个碳市场在发展成熟期最终会由统一的市场价格来调配。

（二）全国碳市场配额分配：免费分配和有偿分配相结合

配额分配是全国碳市场建设的重要内容，不同的配额分配方式将会对企业减排产生不同的激励作用，直接影响着政策的实施效果。目前国际上比较普遍的碳配额初始分配主要有两种方式，即免费分配和有偿分配。

1. 碳市场初期以免费碳配额为主，采取基准线法

碳市场配额的分配方式主要有两种，即历史法和基准线法。历史法主要根据企业的历史排放设定免费配额数量，而基准线法则是参照行业内先进企业碳排放强度或者平均碳排放强度，并结合企业产品产量设定免费配额数量。也就是说，政府选择一个相对有效率的企业作为基准，用其排放系数作为标杆设定基准线，其他企业都用这个企业的基准线排放系数乘以自己的产量得到相应的配额数量。例如对于相同供电量的发电机组来说，清洁的低排放机组和污染的高排放机组可以获得相同的碳排放配额，在同等配额下低排放机组由于其低碳特征排放低于配额，多余的配额指标可以在碳市场出售，而高排放机组的排放大于配额量，多出的部分需要从碳市场购买配额，或改进技术减少排放。

综合来看，历史法相对容易实施，但由于是根据控排企业历史碳排放量或者排放强度核定配额，因此不利于前期节能减排表现优异的企业，而基准线法则可以避免这一缺点。基准线法相对于历史法，不奖励无效率的企业，也不惩罚快速发展的公司，因此对于企业来说更容易接受（Groenenberg and Blok，2002），同时可以鼓励企业减少温室气体排放。行业基准线法的弊端在于可能会对落后的企业造成比较大的冲击，短时间内会对地方政府的收入、就业和稳定形成一定影响，因此政府需要采取行之有效的方法安置好关停企业的员工，保障碳市场的顺利运行。我国碳市场试点在建立初期，由于还处在探索和尝试的阶段，纳入行业较多，且各行业数据质量参差不齐，因此多数试点和行业均实行了相对容易实施的历史法。而对于电力行业，深圳、上海、广东等试点地区采用基准线法核定碳配额，这是由于电力行业尤其火电产品相对单一、生产流程大同小异，设定一个行业基准相对容易。而基准线法在部分试点和行业的应用也取得了较好的效果，总体来看，碳试点运行以来试点地区碳排放强度的下降速度高于其他条件相似的省市，同时试点地区的经济也在稳步发展，为全国统一碳市场转向采用更为公平有效率的基准线法打下了良好基础。

2. 基准线选择需要考虑行业内部异质性

单一的基准线方法忽略行业内部存在的异质性，对不同地区、不同客观生产条件的企业而言有失公平。因此，适当地考虑异质性有助于更好地分配碳配额。但基准线过多，效率低的老旧企业往往会得到保护，得不偿失。目前出台的电力行业碳市场配额细则仅设立四个类别的基准线，分别为300MW等级以上常规燃煤机组，300MW等级及以下常规燃煤机组，燃煤矸石、煤泥、水煤浆等非常规燃煤机组（含燃煤循环流化床机组）和燃气机组[①]。

基准线分配法其实是配额分配系数由行业基准决定的基于产出的分配方法。这种分配方法对于生产效率低于行业基准的企业具有抑制产出的作用，而对生产效率高于行业基准的企业则具有鼓励多产的作用。然而，单一的行业标准对企业的异质性考虑不足，可能会导致部分企业的减排成本负担过重，企业竞争力减弱，短期经济冲击较大。为了尽可能克服统一标准（例如征收庇古税）造成的负面影响，不少学者讨论并建议采用基于产出的补贴或打折模式（Output-based Subsidy or Output-based Rebate）(Atkins et al., 2012; Bernard, 2001; Fischer, 2011; Gersbach and T. Requate, 2004；Cato，2010）。尽管补贴对于完全竞争的市场而言容易造成资源扭曲分配，但是对于非完全竞争的市场，它可以缓解由于环境政策导致的生产不足的现象（Atkins et al., 2012; Fischer, 2011）。而中国目前在碳排放配额计算公式上的诸多考虑和适当分级，与国际上普遍讨论的基于产出的补贴设想如出一辙。针对不同行业所在的地理位置、生产技术以及客观条件等对其分配系数进行合理的调整，可以更为准确地根据企业实际情况分配碳排放配额，降低企业因为配额不足或过剩而进行交易的额外成本，而这部分成本节约就可以理解为政府提供的补贴或折扣。基于产出的补贴或折扣模式也存在一定的问题，当企业得知自己的补贴或折扣金额是基于企业内生的特征时，那么企业追求更高补贴额的动机有可能会超过减排的动机，从而

---

① https://www.chndaqi.com/news/319217.html.

导致产出和排放的共同上升（Fischer，2011）。

行业基准值分得越细，对于行业自身的异质性考虑越充分，但是这样的操作会阻碍碳市场价格的统一，从而失去行业基准线法的优势。因此，在涉及配额系数的过程中，合理平衡企业客观存在的异质性和强制减排之间的关系，对于维持产出，同时实现减排目标，具有重要意义。

3. 全国碳市场应逐渐引入碳配额有偿分配方式

配额分配中，除了免费分配，也可以采取有偿分配，例如拍卖。碳配额免费分配主要是基于企业过去一段时间的历史碳排放数据，也称为"祖父法"。大部分碳交易体系在初期都往往采用免费的"祖父法"分配初始配额，例如欧盟碳市场初始"祖父法"分配比例高达90%以上；我国大部分碳市场试点也采用"祖父法"，只有北京、广东、湖北保留了很小的比例允许拍卖，但往往不超过10%。从国际碳市场发展趋势来看，多数碳市场都采纳了欧盟这种渐进混合模式，即初始阶段绝大部分配额进行免费发放，以便碳市场政策能够尽快为企业所接受，待碳市场运行一段时间之后，逐渐提高拍卖的比例，最后向完全有偿分配模式过渡。理论上，拍卖方式给予所有企业公开、透明获得排放配额的机会，可以将温室气体排放的外部性全部内部化，不需要政府事先根据历史排放进行测算，可以有效避免寻租或其他腐败行为；拍卖收入也可以作为气候变化专项基金，用于其他低碳减排项目的投资。拍卖体系最大的问题是，如果在碳市场初期就开展则容易造成企业生产成本大幅增加，引发企业对碳市场体系的抵触情绪，需要待碳市场成熟之后等待合适时机逐步发展；此外，对拍卖机制设计也需要细致考量，应选择最适合我国国情的机制。从我国具体情况来看，广东作为全国首个尝试有偿分配配额的试点，其运行已经取得了良好的效果，绝大部分拍卖收入进入了专门设立的低碳发展基金，用于推动企业温室气体减排，以及支持节能减排项目建设，取得了较好的效果。

（三）协调电力行业碳配额分配与电力市场改革

电力行业是我国最大的碳排放源部门。在我国，电力行业产生的电绝大部分供其他行业使用。2014年电力行业自用电力产生的CO_2排放约为9.1%，而其他行业使用电间接产生的CO_2排放则达到了90%以上。根据全国碳排放权交易市场建设方案（发电行业），全国碳市场不仅覆盖电力生产端的温室气体排放（电力直接排放），还将覆盖电力消费端的温室气体排放（电力间接排放）。这和其他国家或地区对电力行业碳排放权交易的设计有所不同。在EU ETS中，电力行业是完全竞争市场，价格只受到边际成本的影响，碳价的传导机制顺畅，电力和热力行业可以轻易地将碳成本转嫁给最终消费者，因此只需考虑直接排放即可。我国电力行业受政府管制，居民和大部分企业消费端电价主要由发改委的定价部门制定。电力行业进入碳市场后，虽然生产端承受了较高的碳价，但由于消费端电价不受碳价影响，因此无法将碳价信号传导给终端消费者，导致消费端的电价不能真正反映环境成本。按照目前全国碳市场的设计，碳市场同时覆盖直接排放和间接排放，有助于促进碳价刺激对全生产—消费链条的激励效果。发电端的主要目标是提高发电效率；而消费端则是控制消费量，合理用电，通过控制电力消费端排放倒逼发电端减排。

目前中国电力体制改革正处于深水区的关键阶段，市场化竞争带来直接交易电量的规模逐步扩大，形成了管制电价和市场电价并存的灵活双轨制，随着我国电力市场改革由计划过渡到市场，碳成本也将会通过市场化的电价传递到用户侧，因此碳市场的思路也需要进行相应调整。随着电改的进行，碳市场需要引入一个和电力市场化程度相关的调整系数，从而逐步减少对二氧化碳间接排放的覆盖，直至完全实现电价的市场化。除碳市场外，目前各地发电企业在多重政府管制之下还受到各地煤炭消费总量控制、可再生能源配额消纳、大气污染物超低排放等其他政策限制，市场化也带来收益不确定性，这些外部环境与多重政策双管齐下，使得发电企业的减排效应与减排成果不确定性很大。此外，煤电企业也可能如欧盟碳市场第一期中的具有市场化条件的企业那样，将碳减排成本完全传导给下游消费者，一方面获得免费配额，另一方面转嫁成本，牟取超额利润。为防止这些市场失灵现象，政府需建立良好的监管机制，协调好电力体制改革和碳市场并行的步骤，做好顺利衔接。

三、未来碳定价政策发展与建设思路

未来随着我国碳市场的逐步运行和完善，为了进一步发挥碳定价节能减排的效果，引导"零碳社会"的开启，需要进一步改革碳定价政策。

（一）碳市场与碳税政策有机结合

碳市场是低碳发展的主要经济手段，合理设计政策细节，能够通过市场调节自发地以最低成本实现碳减排。然而除了单一地推广和扩大碳市场，服务业、居民行业或者小型工业企业却难以被纳入碳市场，因此，同时实施碳税和碳市场制定似乎是未来更行之有效的策略。相比于碳税而言，碳市场需要庞大、优质的碳核算数据库作为分析基础，同时需要精确的计算方法才能保证配额公平有效地分配。以化工行业为例，目前已有的子类产品便多达四十多种，短期内使用基准线法核算排放配额有一定的难度，影响了将其纳入碳市场的进度。此外，碳市场门槛值的调整也是不断试错、循序渐进的过程，因此，除电力、水泥、电解铝等行业中碳排放较多的企业外，碳税可能将作为碳市场

的补充手段，将其他行业或重点用能行业的中小企业纳入碳减排活动。中国的环保税已于2018年1月1日起征，若未来中国同时征收碳税，则下一步需要将碳税列入环境税征收范围。

碳税可以采用简单而直接的上游征收模式，对所有进入生产过程的煤炭、石油和天然气征收碳税，例如政府可以在矿口或者煤炭加工厂征收碳税，在精炼厂对石油产品征收碳税，在边境对进口燃料征收碳税（熊灵、齐绍洲、沈波，2016），而这样的征税过程并不需要详细的行业数据，也不需要计算精确的基准线，可以大大简化政策实施步骤。此外，相对于碳市场而言，碳税的调节机制比较灵活，碳税可以类同资源税方式，作为地方税，根据企业的结构类型、进出口特征、所有制、所在地等因素进行调整，设置差别、分级税率以兼顾公平和效率。根据IMF官方估计，对二氧化碳排放征税，2017年至2030年间，每吨排放量的征税额每年提高5美元，2030年将使二氧化碳排放减少30%，大大超过中国履行2015年《巴黎协定》承诺所需的减排量（Parry et al., 2016）。

然而，同时实施碳税和碳市场制度，对于已经被纳入碳市场的企业而言，面临着双重征收的问题。为了解决这类问题，碳税征收机构可以根据碳市场参与主体记录的能源使用情况进行相应的退税补贴。为了确保企业不虚报、瞒报能源使用情况，征税机构可以和碳市场数据核查机构共同完成数据的审核工作。目前，参与试点地区碳排放交易的企业数目约为2600家，未来扩大到全国范围并且涵盖八大行业之后的参与企业数目约为7000家，相比于全国范围内核算所有污染企业的二氧化碳排放工作而言，对参与碳市场的7000多家企业进行退税核算的工作在过渡时期更具备可行性。

无论是利用价格还是利用产权制度内部化污染的成本，碳税和碳市场都是基于市场的自动调节机制来控制二氧化碳等温室气体的排放，因此，在过渡时期同时采用两种手段进行减排控制具有可操作性，也具备市场基础。关于设计两者如何协调发展的思路，主要还需要从征收对象、实施方式和衔接方式等几个角度入手(毛涛，2017)，此外也需要合理估算和模拟同时实施两项制度对于经济发展的短期冲击和长期影响，以及相比单独实施碳税或者碳市场制度对于减排量的影响。

（二）兼顾"共同富裕"，大力发展绿证和碳汇交易

我们也要考虑政策影响以及利益分配问题，政策的设计要尽量公平，要与我国"共同富裕"的目标联结起来。例如碳市场配额的分配、碳税收入转移支付等都要考虑政策可能带来的累退影响，多给需求侧用户激励，例如可以考虑将碳配额发放到个人用户，控排企业可以购买市场上居民散户的碳配额，政府通过补贴低收入居民碳配额，可以减小能源政策以及能源消费品价格提高可能带来的负面分配影响。另外，可通过碳市场配额拍卖收入或碳税收入，加大对福利受损居民的转移支付，这一点类似美国等国家给民众分发的"碳支票"，避免由于政策引起的能源价格提高对部分低收入民众福利的累退影响。发展绿证和碳汇交易也与"共同富裕"目标一致，森林资源丰富的地区、风光资源好的西部和北部地区，往往也是人均GDP较低的地区，扩大碳市场交易范围，也是这些地区经济发展的机遇，保护森林资源，深化国有林区改革，增加我国碳汇资源，不仅可以守护绿水青山，也可以通过碳市场盈利，同步实现环境与经济协同发展，达到共同富裕的目标。

（三）中国碳市场与国际碳市场相连接

随着全国统一碳市场的建立和发展，中国在全球气候变化和碳减排中将发挥着举足轻重的作用。未来国际碳市场连接也将成为一个发

展趋势，从而会形成一个自下而上的全球碳市场。国际碳市场一种可能的连接方式是允许一个经济体向其他经济体购买配额。如果一个经济体的配额价格比另外一个经济体的配额价格低，则该经济体有激励去购买配额，直到双方配额价格相等。连接之后会导致减排成本更加有效（Ranson and Stavins, 2014）。另外，扩大碳市场的行业规模或者对其他行业征收碳税可以防止行业间碳泄漏，而国际碳市场连接则可以有效避免国际碳泄漏，即减少企业从碳减排措施比较强的国家或地区转移到碳减排措施比较弱的国家或地区的可能，且彼此之间不需要再额外考虑征收碳关税。

国际碳市场的连接目前已有实例。例如根据加州空气资源委员会（CARB）和加拿大魁北克政府签署的相关碳市场连接协议，双方碳市场已于2014年1月正式连接，成为北美地区最大的碳市场。尽管国际碳市场连接存在诸多好处，但是也有潜在的缺陷。如果一个或者部分辖区缺少能力或动力来准确追踪碳排放和碳配额，这些漏洞将会通过连接体系被利用，从而降低整个体系的成本有效性(Stavins, 2016)。中国建成全国统一碳市场后，和世界其他地区的碳市场进行连接还需要解决很多问题。例如需要在法律上进行保障，各方需要共同建立国际层面的核算和认证体系。我国目前碳排放监测—报告—核查（MRV）体系建设尚不完善，缺乏国际的认可。MRV体系是进行碳交易的基础支撑。中国MRV相比于欧盟的区域整体立法，相关法律法规级别较低，法律约束力不强，违规成本低，导致很多企业报送数据质量较低。因此中国需要加快有关MRV的立法进程，提高企业温室气体排放报告的质量，确保限制碳市场配额总量，实现国际认可的Cap-and-Trade机制，从而推动碳市场的有效发展，保障未来和国际碳市场的顺利衔接。

四、结语

中国碳定价政策体系的开启，不仅将全面重塑全球碳市场格局，而且也将加速全球实现减排目标，放缓全球气候变暖趋势。然而，在实际操作过程中，我国"碳中和"任务重、时间紧，全国性碳定价制度体系仍有相当长的一段时间才能成熟，这就要求做好"碳定价"政策体系的顶层设计，设计好"碳定价"实施步骤和具体方案，构建规则和激励机制，稳定企业和居民预期，挖掘"碳中和"路径的制度创新点和潜在机遇，这样才可能保证高质量经济发展和零碳目标同时实现。本文主要从完善现有碳市场运行机制出发，详细阐述了如何协调好国家和地方、全国碳市场和地方试点碳市场、经济发展和低碳节能之间的关系，从碳市场配额分配，碳市场协同电力体制改革等视角讨论如何改进现有碳市场的运行效率。

首先，国家和地方政府必须做到责任分权：国家统一制定规则，下放权力；地方政府则发挥优势，并积极配合实施。结合国际建设经验，我们提出了单向—双向—多向的连接方案，以确保解决"地方粮票"和"国家粮票"并存的问题。当然，平衡经济发展和减排任务也是整个框架设计中十分重要的因素。

细化到具体设计层面，配额合理分配是保证碳市场以及之后衍生的金融市场正常、有序发展的关键。本文认为，适度考虑行业差异性的基准线法在初期能够兼顾不同行业的减排压力和发展需求，为后期引入拍卖机制奠定基础。而对于固定价格的电力行业而言，推广全国碳市场会加重该行业的减排压力。因此，随着电改的进行，碳市场需要引入一个和电力市场化程度相关的调整系数，逐渐消除双重排放和实际排放的差异。

放眼碳市场未来的发展，国家在短期内还是会不断调整覆盖的行业范围，以保证市场的活跃度并实现减排与经济发展的双重目标。此外，在过渡时期同时采用碳税和碳市场这两种手段进行减排控制具有可操作性，也具备市场基础。而从长期发展来看，为了消除碳关税对国际贸易的阻碍作用，如何设计和发展全国碳市场以实现与全球碳市场的连接对于未来碳市场发展具有重要意义。

努力实现双碳目标，不仅是环境与气候领域的问题，更体现我国走高质量发展道路，以及保障国家能源安全的决心。当前，"双碳"目标的时间表已定，时不我待。实现"双碳"目标，政府需要做好政策的顶层设计，同时也需要全社会共同努力，企业要积极应对"双碳"治理中的机遇和挑战，个人也要建立绿色低碳生活方式，减少碳足迹，这样才能最终取得"碳中和"攻坚战的胜利。

参考文献

［1］Jaffe, J., Ranson, M., Stavins, R. N.. Linking tradable permit systems: A key element of emerging international climate policy architecture ［J］. Ecology Law Quarterly,2009：789-808.

［2］Adkins, L., Garbaccio, R. F., Ho, M. S., Moore, E. M., Morgenstern, R. D.. Carbon pricing with output-based subsidies: Impacts on US industries over multiple time frames ［Z］. 2012.

［3］Bernard, A. L., Fischer, C., Fox, A. K.. Is there a rationale for output-based rebating of environmental levies ［J］. Resource and Energy Economics, 2007, 29(2)：83-101.

［4］Fischer, C.. Market power and output-based refunding of environmental policy revenues ［J］. Resource and Energy Economics, 2011, 33(1)：212-230.

［5］Gersbach, H., Requate, T.. Emission taxes and optimal refunding schemes［J］. Journal of Public Economics, 2004, 88(3)：713–725.

［6］Cato, S.. Emission taxes and optimal refunding schemes with endogenous market structure［J］. Environmental and Resource Economics, 2010, 46(3)：275–280.

［7］Goeree, J. K., Palmer, K., Holt, C. A., Shobe, W., Burtraw, D.. An experimental study of auctions versus grandfathering to assign pollution permits［J］. Journal of the European Economic Association, 2010, 8(2–3)：514–525.

［8］Betz, R., Seifert, S., Cramton, P., Kerr, S.. Auctioning greenhouse gas emissions permits in Australia［J］. Australian Journal of Agricultural and Resource Economics, 2010, 54(2)：219–238.

［9］Zetterberg, L., Wråke, M., Sterner, T., Fischer, C., Burtraw, D.. Short–run allocation of emissions allowances and long–term goals for climate policy［J］. Ambio, 2012,41(1)：23–32.

［10］Parry, I., Shang, B., Wingender, P., Vernon, N., Narasimhan, T.. Climate mitigation in China: Which policies are most effective［J］. International Monetary Fund. 2016.

［11］毛涛.论碳排放权交易制度的完善与征收碳税的必要性［J］.中国煤炭，2017（3）：5–9.

［12］石敏俊，等.碳减排政策：碳税，碳交易还是两者兼之［J］.管理科学学报，2013（9）:9–19.

［13］刘宇，肖宏伟，吕郢康.多种税收返还模式下碳税对中国的经济影响——基于动态CGE模型［J］.财经研究，2015（1）：5–48.

［14］贺菊煌，沈可挺，徐嵩龄.碳税与二氧化碳减排的CGE模型

［J］. 数量经济技术经济研究,2002（10）：39–47.

　　［15］曹静.走低碳发展之路：中国碳税政策的设计及 CGE模型分析［J］. 金融研究，2009（12）：19–29.

　　［16］高颖，李善同.征收能源消费税对社会经济与能源环境的影响分析［J］. 中国人口·资源与环境，2009（1）：30–35.

　　［17］朱永彬，刘晓，王铮.碳税政策的减排效果及其对我国经济的影响分析［J］. 中国软科学，2010（4）：1–9.

　　［18］Ranson, M., Stavins, R. N.. Linkage of greenhouse gas emissions trading systems: Learning from experience ［J］. Climate Policy, 2016, 16(3)：284–300.

　　［19］Stavins, R. N.. Carbon markets: U.S. experience and international linkage ［Z］. 2016.

中国制造业正在经历什么

新　望　|　中国碳中和50人论坛特邀研究员
　　　　　　中制智库理事长兼研究院院长

新冠肺炎疫情暴发前，中国对全球产业链是强依赖，全球产业链对中国是弱依赖，我们是卖方，国外是买方。疫情暴发后，全球产业链的基本盘不会有大变化，中国制造业由大变强，爬坡过坎，正在路上。未来全球产业链将会纵向收缩，横向集聚，但中国制造业门类齐全、产能巨大、市场超大、产业政策良好的四大优势全球无法替代。疫情有可能是中国制造高质量发展的新起点，从制造业供给端看，数字化、智能化是两大趋势，从制造业需求端看，服务化、绿色化是两大趋势。

一、全球供应链危机的形成和评估

在全球化退潮的背景下，有经济学家指出，比GDP下滑6.8%更揪心的事情是产业链的外迁。供应链和产业链的问题一直都是制造业企业最关心的，也被政府多次提到，并出台产业链协同复工、打通堵点、补上断点、"六保"等相关政策。

要讨论中国制造业企业如何围绕供应链和产

业链来应对危机，首先要知道供应链危机是怎么形成的。

供应链危机的形成大概分为三个阶段。第一个阶段是疫情突然暴发以后引起的第三产业和服务业的中断。但如果从供应链的角度来看，第三产业的服务内容有40%~50%和制造业有关。所以第三产业停产以后，很多制造业企业就出了问题。其中有两类企业受到的影响最大：一类是劳动密集型企业，工人无法进厂就无法劳动；另一类就是大出大进型企业，主要是化工类企业，它主要依赖交通运输，一般都建在码头、交通要道、机场旁边，而交通中断，这类制造业企业也随即停产。

第二个阶段是新冠肺炎疫情蔓延到国外以后，出口市场停滞、外需下滑，导致国内制造业企业出现问题。譬如，国内的汽车配件产品出口量很大，国外的汽车厂商停产后，尤其是国际交通中断后，国内的配件企业出口也停滞了。

第三个阶段是长鞭效应导致产业链上下游相互影响，这也是疫情带来的次生灾害。产业链损失，越到下游越大，而很多制造业企业的生产是一个完整的循环，比如按照季节生产的服装企业，若在春季停产，那么所有的春装就会积压，后续夏装、冬装也无法生产，经营就会中断。

可以看出这次经济危机的产生本质上是供应链导致的，而随着时间的推移，危机会越来越严重，其损失有可能呈指数被放大。而三个月后，企业可能就倒闭了。中国的中小企业，以制造业企业为例，流动资金都是三个月枯竭，三个月是生死线。如果说第三产业、制造业、中小企业这些经济的末端出现问题，危机向上蔓延，那么一系列的金融产品，包括我们家庭的资产负债表都将开始恶化。

这些年随着全球化的深化，全球供应链虽然提高了效率，但其过长过细、过于复杂，也有很大的脆弱性，所以企业的危机管理主要是供应链管理。

讲到全球化的退潮，最需要关注的是中国和全球化的脱钩。大致从2008年金融危机之后，全球的供应链就开始重构，部分发达国家出现了供应链的回迁，比如很多西方国家制造业开始回流，搞再工业化。美国国内制造业的增长这两年非常明显，日本也如此，主要原因是其国内制造业猛涨，同时进口下降。

京东数科研究院的沈建光博士及其团队对6000多种进出口商品、中国的制造业和各个产业对全球的依赖性、对全球产业链的终端的影响进行分析后得出结论，即这一次全球供应链出现危机、中断，对中国的制造业企业影响尤其大。原因是我们国家进出口占国民经济的比重较大，大概在50%左右，在我们的进出口当中，中间产品比较多，尤其是电子、机械、化工的中间产品占到38%~42%。

我们是进口少，出口多。但是进口的关键产品和核心零部件多，而出口的普通产品多，中国对全球产业链的依赖程度比较高，超过60%。所以说全球供应链危机对中国制造业企业的影响比较大，因为我们对全球供应链是强依赖。

二、全球产业链重构背景下的中国制造

在全球供应链重构的背景下，中国制造业处在一个什么样的位置，以及应该如何应对？

首先一个大的判断是，全球产业链的基本盘不会有大的变化。有一个比喻就是全球的制造业中美国是头脑，互联网公司提供了大脑式的上层建筑，制造业的心脏是德国和日本，四肢是中国。当然，现在分工也在变化，中国也在向产业链价值链的高端走，但这个比喻大体上还是反映了现实情况的。

中国制造强国战略专家咨询委员会每年发布中国制造强国指数。按照指数课题组的说法，世界制造强国有四大阵营，第一阵营是美国，第二阵营是德国和日本，第三阵营包括中国、韩国、法国、英国，其中中国目前处在第三阵营的前端。第四阵营则是印度、巴西等新兴发展中国家。

未来中国的目标为，2025年进入第二阵营，2035年进入第二阵营前列。但是当下的中国制造业的确受到了一系列的挑战，面临一些困难。

第一个挑战是中国在先进制造业上面临着脱钩的危险，以美国为首的西方国家有意在围堵和封锁我国。中国有很多高新技术企业在美国商务部的实体名单上，这实际上是对我们先进制造业的精准打击，也是一种遏制。

第二个挑战是先进制造业遭到西方国家的打压，而我们的传统制造业面临着东南亚国家的追赶。

第三个挑战是我们国内制造业的要素成本全面上升，如土地价格上升、劳动力价格上升、社保成本上升、环保成本上升，去产能以及每一次环保风暴之后，都有一批制造业企业搬迁或者倒闭。

国内的制造业企业面临的老问题是供给侧改革的问题——"三高三低"，分别是高投入、高成本、高污染、低效益、低价格、低品牌附加值。目前转型还在爬坡阶段，虽然我们供给侧改革已经进行了四年，但仍在途中。所以我们2015年就提出了九大任务、五大中心、十大领域。总体来说我国制造业遇到了一些挑战，处于转型升级的关键阶段。

疫情结束后，我们的制造业将面临一个新的问题，全球产业链开始纵向收缩。要解决产业链的安全问题、脆弱问题、过于复杂的问题，就要纵向收缩。产业链纵向收缩也即上下游开始缩短，横向集聚，同类产品、同类企业形成块状集聚。

如果产业链要重构，共有三重链。中国的产业链可能从全球、洲级链，先退到东亚、中日韩产业链，保住中日韩的自由贸易区，争取早日建立产业链。接下来第三重链是国内链，未来我们可能要更加注重建设国内的产业链，基于国内市场的相对完整的产业链。

中国经济的韧性表现为可以一定程度退出全球化，中国制造业的四个优势，在全球仍然是非常明显和无法替代的。第一，中国的制造业门类非常齐全，联合国登记的600多种制造业产品我们都有。第二，产能巨大，在满足14亿人口的衣食住行以及工业品的前提下，还有剩余。第三，拥有超大的国内市场，有3.5亿的中产阶层，还有有待于进一步城镇化、城市化，进而挖掘市场需求潜力的近10亿消费群体。第四，中国有效的产业政策也是全球独一无二的。这是我们的优势，即便遇到了危机、搬迁或者脱钩，我们基本的优势还是存在的。

三、中国制造业高质量发展的新起点

新冠肺炎疫情暴发以后，产业链可能也会重塑，还会出现一些新的产业。正如当初的SARS疫情催生了电商和物流产业，而这两者迅速完成了国内多年改革都没有完成的一件事，就是推动了国内统一市场的形成。

疫情之后，我们首先要找到产业链的链主，争取把链主留住。跨国公司主要考虑经济效益，因为资本还是愿意停留在成本低的地方。所以我们判断，如果保住链主、留住链主，整链断裂的可能性就不会太大。当然，我们也要打造自己的链主企业。

此时最关键的是各地方政府、开发区、园区，应该像当初招商引资一样，充分利用开放政策，改善营商环境。

第一个应对办法是补链，对于外迁产业链出现的空缺要尽快补上。如果是中高端产业链外迁，还有可能使我们在全球价值链上向中高端攀升。所以这一次的产业链危机也是一个机遇，让我们思考怎么补链、怎么改变自己在全球产业链中的位置，重构和优化本国产业链，进行价值链的提升。现在，培育和发展"专精特新"中小企业是一个好的政策。

第二个应对办法是缩链。缩链的意思是我们很多的制造业企业不能总停留在生产中间产品上，应尽量往终端产品上靠。有些企业已经注意到了，比如富士康就在慢慢向消费品终端靠近。企业不要把自己仅摆在一个中间产品生产者的位置上，否则遇到产业链中断后会非常被动。中间环节过多的企业，要维护好自身上下游关系、保证自身的供应链安全。首先要做的就是加大库存，同时向终端产品靠拢。

第三个应对办法是转型。疫情之后，会出现很多新的生活方式、生产方式，包括商业模式都会发生变革。也可能产生新的产业链，需要我们的制造业企业抓住机遇。一是与医疗、健康、生物、制药等领域有关的制造业会得到爆发式的发展，这些从资本市场已经大概能看到了。二是与数字机械有关的制造业。不能随意用"新基建"三个字代替新型基础设施建设。因为新型基础设施建设包括人工智能、工业互联网、物联网、5G和数据中心，这是非常明确的。而国家发改委高新司前段时间又再次明确了新型基础设施建设的范畴，即信息基础设施、融合基础设施、创新基础设施。但很多媒体，甚至一些房地产的研究机构还在讲"新基建"，重点不在新型基础设施，而在基建。这就有可能重回投资驱动、粗放发展的老路。三是与电子信息，尤其是与移动端相关的制造业，这一次应该也是逆势增长。因为移动端的电子产品需求越来越大，尤其是在工业互联网时代。四是非聚集型产业也得到了快速的发展。疫情使传统生产方式发生变化，我们的生产线原来由工人操作，现在是机器人担当大任，未来的生产消费，只要是非聚集性的产业，可能都会有一个比较大的发展。五是非接触类的产业未来也会有比较大的发展，但这需要快速的要素流转。这次国内产业链的危机，幸得现代物流业支撑，虽然成本提高了，但却不至于彻底断掉。六是云上生活和云上办公相关的产业链。两化融合的新实体经济，或者是制造型的服务业，或者是信息化和工业化结合的产业，都会得到一个大的发展。也就是说，制造业将更加数字化、服务化、绿色化。

供应链的危机对于中国的制造业来说是挑战，也是机遇，处理得好、把握得当，就会成为中国制造业高质量发展的新起点。

践行绿色发展理念　助力实现"双碳"目标

张　波　中国碳中和 50 人论坛联席主席
　　　　山东魏桥创业集团有限公司董事长

　　魏桥创业集团作为立足国内、服务全球的大型民营企业，几十年来专注于纺织业和铝业的发展，并成为这两个红海领域的世界领军企业之一，一直在为经济社会发展、人民美好生活而贡献力量。在新的发展阶段，集团意识到只有高质量发展、绿色发展，才能更好地服务国家和社会。尤其是2020年9月，习近平主席向世界郑重提出中国"二氧化碳排放力争于2030年前达到峰值，努力争取2060年前实现碳中和"后，做好"双碳"工作成为从政府到企业的工作重点。为此，集团高度重视、主动践行，专门成立了"双碳"工作领导小组，负责制定目标规划，统筹落实各项工作，在助力国家"双碳"目标实现的同时，为应对全球气候变化贡献力量。

　　近年来，围绕着绿色低碳发展，集团主要开展了以下工作：

　　优化能源结构。充分利用云南水电、风电、太阳能资源，将部分电解铝产能转移至云南，建设绿色铝创新产业园，改变了单纯依靠煤电的历史，形成了煤电、水电、风电、太阳能多种能源并存的绿色供电格局，减少了煤炭消耗。

优化产业结构。充分发挥铝的轻量化、可回收、无污染等绿色金属优势，积极推进"以铝代钢""以铝代木""以铝节铜"，加快铝制轻量化车身及零部件、泡沫铝等精深加工产业发展，引领扩大铝的应用和消费。

加强技术改造。集团早在2014年就研发建成了全球首条全系列600KA特大型阳极预焙电解槽，率先在铝行业全面完成了超低排放改造，各项指标均远优于《铝工业污染物排放标准》，处于国际领先水平。2020年，顺利通过全球再生资源GRS认证，魏桥纺织入选国家绿色工厂名单。

发展循环经济。坚持"减量化、再使用、再循环"原则，探索新业态、新模式，大力发展再生铝、废弃物资源化等绿色循环产业，打造高效率的铝废料闭环回收体系，综合提升铝资源循环利用水平。

推动节能降耗。厉行节约，优化工艺流程，提高设备效率，完善节能降耗机制，提升生产组织过程中的能源管控水平，实现能源的高效梯级利用，不断降低单位工艺能耗。

建设生态工厂。利用云南省文山州丰富的水电清洁资源，打造绿色铝创新产业园。与此同时，集团秉持"既要创造'金山银山'，也要留住'绿水青山'"的原则，在建园之初就深入调研，全面筹划，采取产、农、林综合生态模式设计建设，在厂区周边实施人工造林绿化和封山育林23个小班，面积2669亩，通过森林碳汇助力碳减排，促进林业增收和产业扶贫。

推动行业低碳转型。魏桥创业集团与中国铝业集团联合发布了《加快铝工业绿色低碳发展联合倡议书》。集团现在与国内国际知名机构和各方合作伙伴一道，制定集团的"双碳"目标和行动规划，并将于2021年内向社会公布，希望为中国铝行业实现低碳转型探索出具体路径和方法。

国家对世界的"双碳"承诺就是中国企业对世界的承诺，必须高度重视，主动践行。魏桥创业集团将以"双碳"工作为重要抓手，继续全力遵循和践行"绿水青山就是金山银山"的理念，坚守"生态红线"和"绿色底线"，坚持节约资源和保护环境的基本国策，着力推进绿色发展、循环发展、低碳发展，切实抓好资源全面节约和循环利用，不断降低能耗、物耗、水耗，努力实现生态保护和企业发展的有机融合、和谐统一，早日实现企业的碳中和，在国际社会树立中国企业绿色发展的崭新形象，持续为国家"双碳"目标的实现做出更大贡献！下一步，集团将重点做好以下工作：

坚持科创引领。依托魏桥国科研究院，重点发展用于"新基建、新材料、新应用"的"高附加值"的金属材料、纺织纤维材料和高端化学材料，积极投资和参与"绿色智造""蓝色能源"和"循环经济"三个方向的研发和转化项目，孵化和支持300家以上的科创企业。

坚持数字赋能。积极利用5G和工业互联网技术，加速构建更加智慧的生产、经营、管理体系，推进设计研发、生产制造、供应链运营、市场营销等环节的升级与重构，大力发展智能制造，持续推动"数字魏桥"建设。

坚持生态优先。从全球发展的视野、文明兴衰的高度，理解和看待行业的绿色发展，将绿色理念全面纳入企业发展的战略体系、生产体系、创新体系。

坚持开放融合。积极秉持"不求所有但求所在"的开放共享理念，积极探索共享共赢的协同发展模式，进一步加大"双招双引"力度，进一步深化国际产能合作，进一步加强与国际品牌的合作，积极融入全球贸易体系，在互利共赢中不断整合新资源、开拓新市场、增强竞争力，打造优良的产业生态，把纺织和铝业两大世界级产业集群发展得更高端、更协调、更健康、更安全。

对碳价问题的几个思考

彭文生 | 中国碳中和 50 人论坛成员
中金公司首席经济学家
中金研究院执行院长

一、碳价：纠正碳排放的超时空外部性

最近对碳价格问题的讨论很热。全国统一碳市场正式启动后，我们有望成为全球最大的碳交易市场。问题是碳价格应该怎样确定呢？首先需要区分两个不同的碳价格概念。从传统的经济学分析来讲，碳价通常是指碳的社会成本或者碳排放的社会成本。为什么有碳的价格呢？按照经济学所讲的专业词叫外部性。外部性是什么意思呢？即某一项经济活动涉及碳的排放，收益是自己的，危害是社会的。

比如说煤炭发电，收益是发电厂的，但是由此造成的碳排放对未来气候的影响以及对经济造成的损害是由社会承担的。如何控制它呢？就是要纠正这样的外部性。如何纠正呢？要人为设置一个价格。这就涉及一个关键的问题：碳的价格怎样确定呢？碳的价格应该等于1吨二氧化碳排放所造成的经济损害。概念听起来好像很简单、很

准确，但是争议很大。过去几十年甚至上百年的时间，人类社会都在关注气候问题，为什么效果不明显呢？就是因为在碳定价方面有很大的争议。争议来自什么地方呢？外部性是超时空的外部性，和一般的经济活动的外部性不一样。

一般的经济活动外部性在空间上通常具有局限性，例如金融危机。金融机构过度扩张，收益是自己的，出现危机政府救助，成本由社会承担，这就是外部性。金融危机的外部性通常是局部的外部性，影响一个国家或者一个地区，不大可能影响全球，但是碳排放的外部性是影响整个地球，不是某一个特定的国家。从时间的维度看，碳排放的影响是长远的，不是说今天排放1吨二氧化碳，明天就会呈现对气候的损害结果，它是累积的，累积到一定程度，对经济的损害才会显现。这和一般的污染物不同，比方说炼钢厂排放二氧化硫造成空气污染，这个影响是比较短的，今天排放今天空气不好，明天我停产，明天就没了。二氧化碳在大气层的累积，对气候的影响和对经济的损害是几十年甚至上百年以后的事情，所以当代人要关心子孙后代的利益。那么要在多大程度上关心子孙后代的利益呢？

这些问题的背后都反映出，碳排放的外部性是人类经济从来没有"遇见"过的外部性，具有全局性、超长期性。因此，人们难以达成共识，也就难以有明确的应对策略。

二、传统的"成本—收益"分析不确定性较大

传统应对气候变化的方法是风险—成本收益比较。成本是什么呢？即当前减少1吨二氧化碳排放造成的经济损失，如就业、收入、税收等，这是当前的成本。收益是什么呢？即当前减少1吨二氧化碳排放，50年甚至更长时间以后获得的收益及减少的损失。这个收益有多

大呢？传统的分析框架用碳的社会成本或者碳的价格去衡量，也即今天减少1吨二氧化碳排放，在几十年、上百年以后获得的收益及减少的损失。

这就带来两个问题：第一，大家不愿去关心其他国家，这就导致国际协同困难，只有一个或者少数国家实施减排是不够的；第二，现代人要在多大程度上关心子孙后代的利益？这涉及利益的代际分配。假设1吨二氧化碳排放50年以后的损失是100元人民币，今天减少1吨二氧化碳排放付出的成本也是100元人民币，这两个100元可比吗？从当前的角度看，通常会认为50年后100元的价值大大低于今天的100元，因为这里面有一个利益的折现，也就是远期收益通过利率折现到现在。这就会造成很大的争议，因为利率高低水平的选择实际上反映了在多大程度上关心子孙后代的利益。

选择的利率水平越低，意味着我们越关心子孙后代利益；选择的利率水平越高，意味着越关心当代人的利益，这里面就涉及发达国家和发展中国家的差别问题。发达国家利率普遍比发展中国家要低，从这个意义上讲，发展中国家碳的价格应该比发达国家要低，因为利率反映的是耐心。例如有钱人吃饱肚子穿好衣服，把钱借出去更有耐心等待，利率就低一点。发展中国家、非洲国家肚子吃不饱，借钱出去，当然要求的利率就高。涉及碳排放也是同样的道理，对于肚子都吃不饱的经济体，若要他们要减少消费，减少碳排放，当然碳价格就应该低了。这就是过去几十年应对气候变化过程中存在的问题。

这些原因造成了两个学者和两届美国政府估算碳的价格或者碳的社会成本差异很大。一个是耶鲁大学的教授，2018年诺贝尔经济学奖获得者、气候经济学家Nordhaus，他估算1吨二氧化碳排放的社会成本是37美元；另一个学者是世界银行前首席经济学家Stern，他在2006年应英国财政部的邀请写了气候评估报告，现已成为气候经济学的经典之作，他的估算是1吨二氧化碳排放的社会成本是266美元。两个学者估算的价格差别非常大，为什么？其中一个重要的原因就是利率不同，Stern更关注后代人的利益。

奥巴马政府和特朗普政府估算的差别也很大，奥巴马政府估算碳的社会成本是42美元，特朗普政府估算是7美元，所以特朗普上台退出《巴黎协定》一点都不奇怪，他是言行一致的，他估算的成本就是低，所以他就退出了。拜登还在算，因为他需要很大的一般均衡模型，要花很长时间。

三、绿色溢价是更具操作性的政策工具

以上就是传统的碳价格。还有一个涉及碳中和的价格，就是绿色溢价。这个概念经过比尔·盖茨的使用，现在变得火了起来。不过，绿色溢价的概念不是比尔·盖茨提出的，国际能源机构一直在用绿色溢价的概念。绿色溢价是什么概念呢？即不考虑碳的社会成本，也就是说不去计算50年、100年以后的损害，而是从现实出发，比较当前清洁能源成本和化石能源成本之差，清洁能源的成本高于化石能源的成本，绿色溢价是正的，则经济主体没有动力将化石能源换成清洁能源。

从这个概念出发，为了实现碳中和，我们要做的事情是什么呢？就是尽量降低绿色溢价。降低绿色溢价有三个途径：一是技术进步，二是增加化石能源成本即碳价格，三是社会治理即文化和理念的变化。这里的碳价格和前面讲的碳价格、社会成本是两个完全不同的概念。所以，我们现在通常讲的碳价格，实际上有两个不同的内涵，一个是操作层面如何增加化石能源成本，让化石能源使用成本上升，促使社会转向使用清洁能源；另一个是碳的社会成本。

作为政策工具，绿色溢价有三个优势。一是绿色溢价比碳价涵盖的范围更广。在绿色溢价的框架下，除了碳税或者碳交易市场形成的价格，降低绿色溢价还有其他的方式，例如加大公共投入以促进技术进步、设立绿色标准、利用清洁能源的制造业属性、实现规模经济等。二是绿色溢价更具有可操作性。碳的社会成本是由远及近的，几十年以后的损失有多大，这是争论不清的。绿色溢价是由近及远的，碳中和的目标已定，如何降低当前绿色溢价、促进碳减排，从现实出发的绿色溢价的操作性更强。三是绿色溢价兼顾总量与结构。碳价格一般来讲是整体统一的价格，而因为技术、商业模式、相关政策的不同，每个行业的绿色溢价也不同，由此可以有针对性地制定一些公共政策。

清洁能源具有制造业属性，其重要特征是规模效应，规模越大，单位成本越低，例如过去几年，中国的光伏造价、风电造价随着光伏和风电累计装机容量的上升出现了明显下降，这是中国的优势。从化石能源转化为清洁能源，中国面临很好的发展机遇。随着全球碳中和的推进，十年、二十年以后，中国会成为能源"出口"国，我们出口的不是传统的能源，而是利用太阳能、利用风能的设备。

根据中金研究部行业研究员估算的各行业绿色溢价，以碳排放的占比作为权重，中国总体绿色溢价从2015年的92%下降到当前的35%，显著下降的原因就是光伏、电动汽车等技术的进步。

从结构视角看，行业绿色溢价的差异也反映了不同的碳中和路径。电力行业的碳排放占比超过40%，绿色溢价大约17%，已经比较低了，因此，未来的碳中和路径主要是靠从化石能源转向清洁能源，靠经济活动尽量多地采用清洁电+电气化。随着技术的进步，这也是未来10年实现碳减排潜力最大的领域。然而水泥、航空等领域很难通过电气化减排，比如水泥的制造过程中二氧化碳的排放难以避免。

聚焦碳定价机制，现在谈论比较多的是碳市场，其中涉及碳的额度分配问题。假设某一个企业今年实际碳排放低于它获得的配额，它就可以卖掉多余的碳排放权，这会产生货币收益。如果排放超过了配额，需要到市场上购买碳排放权。买、卖互动，就形成了碳的价格。到底碳税和碳交易市场形成的价格哪个更好呢？碳税价格是确定的，有利于企业比较长远的稳定预期，激励企业进行技术改造和创新，但它对碳排放量减少的作用有比较大的弹性和不确定性。碳交易市场的优势是能确定每年碳减排的量，但是劣势就是碳价格可能波动性很大，因此不能对企业进行长远创新激励。这意味着不能依靠单一的碳税或者碳交易市场，两者需要配合使用。

四、碳定价的三个挑战

挑战一：全国统一碳市场下，京津冀的空气污染可能加重。由于空气污染是局部的，而碳排放是全局性的，在建立全国统一碳交易市场的情况下，对化石能源发电依赖比较大的北方地区更有动力购买碳排放权，南方则可能出售碳排放权。也就是说，中国整体碳排放减少的同时，京津冀地区的碳排放反而可能是增加的，空气污染也可能会相应增加。因此，对碳市场与污染物排放问题，可能需要综合考虑。

挑战二：碳交易市场与电力价格机制不匹配，可能会加剧不公平问题。碳交易市场经常用欧盟做例子，但欧盟和我们存在一个重要差别，欧盟的发电成本向消费、零售电价的传导是比较有效和充分的，因此欧盟碳交易市场下，碳价格的上升导致发电厂成本上升能够传导到用电侧，促使电力用户减少对能源的需求。而我国的电价是受到管制的，假设碳价格上升带动发电厂的成本上升，又不能传导给用电侧，成本谁承担呢？发电厂承担。我国对采矿、电力行业税收依赖度最高的是山西，超过40%，这和燃煤发电是有关系的。全国统一碳交易市场如果没有电力价格改革作配套，这些地区可能会受到很大的冲击。

挑战三：国际协作。不同国家的发展阶段不同，例如中国人均GDP是欧盟的1/4，碳价格是不是应该有差异呢？中国的利率高于欧美，碳价格是不是也应该有差异呢？因为利率越高，碳价格应该是越低的。

经济运行机制不同，碳价格是否也应该有差异？中国行政性、数量型的工具用得比较熟练、效率比较高，欧盟可能更多需要靠价格型的工具。在这种情况下，能否把中国的碳价格和欧盟的碳价格简单比较？因为欧盟的碳价格比我们高，所以中国的碳价格是不是就应该提升呢？我们通过行政性手段，可能会更快、更直接、更有效地实现碳减排。但现在有一个问题，如果中国碳交易市场形成的价格比欧盟的价格要低，怎么把它拉平，以使中国人面临的碳价格和欧洲人面临的碳价格一样呢？有观点主张对中国的产品征收边境调节税，实际上就是加征额外的碳关税。那么应如何看待国际协作呢？这不仅是碳交易市场的问题，也是碳税的协同博弈问题，值得我们思考。

五、滞胀还是发展新机遇：反思现实市场经济

应对气候变化，实现碳中和，从根本上来讲是发展模式的变化、经济结构的转型，背后是相对价格变化的驱动。无论是碳税、碳交易形成碳价格，还是行政性监管和绿色金融等措施，其促进碳减排的途径都是提升化石能源的价格和降低清洁能源价格。在新的模式下，清洁能源将成为人类社会健康生活、可持续发展的一个基础。但从旧均衡到新均衡的转型过程中，价格变化对于经济来讲是一种冲击。

具体来讲，碳价格在供给端体现为生产成本上升，在需求端体现

为实际收入下降，类似石油供给减少的影响，在宏观经济上有导致滞胀的特征。滞胀的压力有多大？我们的CGE模型估算显示，在没有技术进步的情形下，中国在2060年难以实现碳中和。技术进步不是天上掉下来的，碳价格上升是一个利益驱动力量，由此对GDP增长有负面影响，同时带来价格上升。行业研究显示，如果在现阶段把绿色溢价降到零，将给建材、化工等制造业带来很大的成本上升压力。

就结构影响来讲，一些经济活动、技术，甚至行业将被新的模式替代，传统能源行业尤其煤炭行业将受到较大的冲击，相关的基础设施、制造和服务部门的就业将下降，清洁/再生能源及相关部门的就业上升。化石能源的分布基本是自然禀赋，对中国这样的大型经济体来讲，转型必然带有区域特征，化石能源生产大省和地区受到的冲击较大，而这些地区一般经济相对欠发达。同时传统能源价格在一段时间内上升，对低收入人群的影响比中高收入人群大。应对这些结构调整和收入分配问题，需要公共政策尤其是财政发挥作用。

深层次来讲，碳中和对经济活动施加了影响，但自由市场难以定价，是市场经济和公共政策面临的前所未有的问题。在这个硬约束下，如何在纠正市场机制缺失的同时避免政府过度干预，如何平衡短期与长期、局部与整体利益，没有先例可循。这个过程对经济社会的影响将如何呈现，有很大的不确定性，但很可能对社会主流思维形成冲击。

展望未来，我们可以想象三种情形：①碳中和的努力没有取得成功或者成功来得太迟，全球气候变化给人类社会带来重大损害；②碳中和的努力取得成功，但主要靠增加能源使用成本来实现，全球经济在长时间内面临滞胀的压力；③公共政策包括国际合作促进技术和社会治理创新，碳中和带来新发展格局，人类享受更高水平、更健康的生活。

这三种情形都意味着对过去40年占主导地位的新古典经济学的挑战。对于气候问题这样的超越时空的外溢影响来讲，用外部性来弥补新古典经济学的完整信息、确定性、充分竞争的基础性假设，是不是足够？怎么解释碳排放这样单一的数量指标成为全球经济社会发展的一个统一的约束因素？在实现碳中和过程中，公共政策、社会治理机制与市场机制之间的关系将怎样演变？估计只有时间能给出这些问题的答案，碳中和的过程将促使人们更深刻地认识现实市场经济和新古典的理想市场经济之间的差距。

我们需要反思新古典经济学的偏差，向古典经济学回归。古典经济学家如亚当·斯密和大卫·李嘉图认知到人类活动在自然的限制中发生，也强调社会伦理与人文等政治经济学的视角。气候变化问题提示我们在经济研究中需要重新审视自然的角色，在劳动力和生产性资本之外，我们还要考虑自然资本（水、空气、森林、生物多样性、海洋等），而自然资本没有自由市场形成的价格，需要公共政策和社会治理发挥作用，在效率与公平的平衡中，将更加重视公平。

走向碳中和对所有人来讲都是一个长期的学习过程，中金研究部和中金研究院联袂推出了《碳中和经济学》，尝试从经济、金融的角度系统性分析碳达峰、碳中和路径及其影响，以上思考就是我们这本深度报告的一部分。

实现"双碳"目标　赢得世纪大考

王博永 | 中科院国家创新与发展战略研究会副会长兼秘书长
中国碳中和50人论坛特邀研究员
刘兴华 | 同济大学特聘教授
中国科学院中国经济政策研究中心主任

《中华人民共和国国民经济和社会发展第十四个五年规划和2035年远景目标纲要》提出,"制定2030年前碳排放达峰行动方案","努力争取2060年前实现碳中和"。这是在世界面临百年未有之大变局、新冠肺炎疫情对全球形成大考验的背景下,中国政府提出的自我约束和高质量发展目标,同时也是对构建人类命运共同体的庄严承诺和责任担当。

一、"双碳"目标体现了全球各国共同迎接未来挑战的价值追求

提出实现"双碳"目标,是人类历史上第一次有意识、有步骤地挽救和改善自身生存环境的跨国共同行动。工业革命以来,煤炭、石油、天然气等化石能源对19世纪和20世纪全球经济社会发展和文明进步发挥了史无前例的作用。然而在

现有技术条件、生产方式和消费方式下，人类大量消耗化石能源的弊端日益凸显。化石燃料释放出的二氧化碳和人类生产消费活动释放的温室气体导致全球气候异变，不仅给人类自身的生存和发展带来严峻挑战，而且严重威胁到地球生物安全和整体生态平衡。2015年12月巴黎气候变化大会上，《联合国气候变化框架公约》近200个缔约方达成《巴黎协定》，为2020年后全球应对气候变化行动作出统一安排。这是人类历史上的一个重要里程碑。

提出"双碳"目标，意味着人类历史上开启了第一次跨国跨界、相互协作的能源革命和产业变革。在未来30~40年，人类必须解决过去270多年发展所形成的现状和造成的难题，给自己赖以生存的蓝色星球减负降温。这是人类社会开启的一场空前广泛深刻的生产方式自我革命。实现"双碳"目标，将消除二氧化碳等温室气体排放所引发的气候变化威胁，让人类走上新的文明发展道路。这将在全球兴起一场经济社会环境领域的重大科技革新，其作用不亚于蒸汽机、电气化以及信息技术发明运用所引发的历次技术革命和产业变革。这意味着在能源、电力、材料、建筑以及生产制造、交通运输、种植养殖、食品加工、取暖制冷等多领域将出现一系列革命性的创新成果，一大批新产业、新业态、新产品、新服务将应运而生。

提出实现"双碳"目标，意味着全人类将开启一场生活方式和消费方式的自我革命。在生产能力急剧扩张的现代社会，人们的衣食住行和其他所有的消费行为是温室气体的重要排放源。以消费侧排放计算，全球约2/3的碳排放与家庭排放有关。因此必须尽快形成简约适度、低碳绿色的生活方式和消费方式。这不仅要实现社会经济和文化习俗的深刻变革，还要创造改变生活方式的必要条件。因此，这是一场摈弃传统模式，形成绿色生活方式和消费方式的自我救赎。那些真正洞见"双碳"目标带来革命性变化和巨大发展潜力的国家，才能在这个历史性进程中行稳致远；那些能够主动顺应碳中和发展趋势，及时把握人类向绿色、低碳和零碳转型机遇的工商业机构，才能占得发展先机。

实现"双碳"目标意味着人类命运共同体将逐步从理念变成现实。过去的产业革命，都是在人性需求和技术创新的驱动下产生并演化发展的。伴随着这个过程，各个国家地区、各个族群之间展开无数次关于资源和能源的争夺，上演了一幕又一幕零和博弈的悲剧，也排放了越来越多的温室气体。进入21世纪，以科技进步和全球化为引领，以国际分工合作为平台，全球财富实现爆发或增长。在这个阶段，虽然没有大规模的战争和冲突，但是大气中以二氧化碳为主的温室气体总量却迅猛增长。下一个20年，全球必须通力合作，进行大幅度节能减排，实现绿色循环或经济增长。因此，实现"双碳"目标，是全球各国在共同目标引领下，协调开展的大规模、长时间的共同行动。这是人类理性的高度自省和力量提升，是超越"工业文明"向"生态文明"的飞跃，是构建人类命运共同体的重要开端。

二、实现"双碳"目标对中国来说既是严峻挑战更是重大机遇

实现"双碳"目标是对国家治理体系和治理能力的一场大考。当前和未来的一个时期，中国经济社会发展仍处于爬坡过坎阶段，人均GDP刚刚突破1万美元，而且发展不平衡、不充分问题依然突出，能源需求还在继续增加，碳排放尚未达峰。这就决定了实现"双碳"目标面临诸多挑战：既要创建绿色低碳的生产生活方式，又要推动中国经济高质量发展，这是一场无法回避的严峻考验。难度更大的是，中国承诺实现从碳达峰到碳中和的时间远远短于发达国家所用时间，因此

所要付出的努力相应地也远远大于这些国家。实现"双碳"目标，意味着中国能源结构、产业结构、生态结构要实现根本性优化变革，统筹协调经济社会发展、经济结构转型、能源低碳转型，确实任重道远。因此，必须充分考虑其任务的艰巨性和过程的复杂性，以科学高效的治理机制来实现"双碳"目标。这对于中国来说，是实现第一个百年目标后，在实现第二个百年目标历史进程中，面临的对国家治理体系和治理能力的又一场大考。

实现"双碳"目标是对中国科技创新能力和科技人才队伍的一场大考。"技术为王"将在实现"双碳"目标的过程中得到更加充分的体现，哪个国家、哪家公司在科技创新上走在前面，哪个国家、哪家公司就将占得发展先机，在国际上获得更大的话语权。比如说，能源绿色低碳发展要突破储能、智能电网、分布式能源等关键技术，构建清洁低碳安全高效的能源体系；要发展原料、燃料替代和工艺革新技术，推动钢铁、水泥、化工、冶金等高碳产业生产流程零碳再造；要加快发展智能化新能源汽车技术，形成公路绿色低碳运输方式；建筑领域要发展"光储直柔"配电系统相关技术，实现用能电气化；要发展碳汇和碳捕集、利用与封存等负排放技术，发展资源循环利用技术和非二氧化碳温室气体减排技术；还要加强产业技术集成耦合创新，积极推动颠覆性技术创新。这都需要一支强大的人才队伍做保障。必须在科技人才培养、选拔、使用方面建立"赛马"体制，让优秀人才脱颖而出。

实现"双碳"目标是运用中华优秀文化理念构建新型工商业文明的机遇。进入21世纪以来，新一轮技术革命和产业变革正在挑战和改变人类长期以来形成的生产和生活方式，整个地球村迫切需要建立既能创造社会财富、满足人类需求，又能推动社会进步、增进人类健康福祉的新时代工商业文明。这样的工商业生态是价值共享的而不是相互排斥的，是经济社会协调发展的而不是单纯追求物质利益的，是动态平衡、生生不息的，而不是竭泽而渔、舍本逐末的。这也就是中国古人主张的"万物并育而不相害，道并行而不相悖"。作为东方文明的重要组成部分，中华优秀传统文化拥有5000年绵延不绝、丰富悠久的历史价值，具备独特而又普适的时代精神，完全可以为塑造新的工商业文明、促进全球可持续发展贡献智慧。近年来发达国家倡导的循环经济，以资源高效利用和循环利用为核心，以减量化、再利用、资源化为原则，以低消耗、低排放、高效率为基本特征，完全契合中国传统文化提倡的"天人合一""道法自然"的理念。

实现"双碳"目标，是在全球面临大变局、大考验背景下，中国展示大国担当、推动世界各国开展大合作的机遇。当今世界正处于百年未有之大变局。一个国家、一个民族何去何从，正在面临前所未有的大考验。实现"双碳"目标，既是中国生态文明建设和经济社会高质量发展的必然选择，也体现了中国积极促进国际大合作，让人类命运共同体行稳致远的大国担当。据英国剑桥计量经济学会预测，中国的减排承诺可将全球温升水平拉低0.25℃左右，这将对解决全球气候问题做出重要贡献。同时，中国政府作出减排承诺也是向世界发出了一个明确信号，即气候问题已亟待解决，多边主义框架下的全球合作是解决气候问题的关键。

三、中国实现"双碳"目标已经具备初步基础

中国提出实现"双碳"目标，是既基于现实条件也考虑长远发展而作出的战略抉择。从"十一五"时期以来，中国积极实施应对气候变化的国家战略，采取调整产业结构、优化能源结构等方式节能减排，

提高能效和发展质量。通过推进碳市场建设、增加森林碳汇等一系列措施，使得温室气体排放得到一定程度的控制。在应对气候变化方面所取得的一系列成绩，是中国政府敢于承诺碳达峰、碳中和的底气。因此，作为一项具有重大影响的综合决策和战略选择，中国政府提出实现"双碳"目标并不是凭空想象，更不是好高骛远，而是在权衡国内国外综合形势和未来发展战略后作出的整体安排。

近年来，我国碳减排取得了明显成效，为实现"双碳"目标积累了经验、奠定了基础。中国积极推动产业结构调整、能源结构优化、重点行业能效提升，碳减排取得显著成效，单位GDP能耗降低，碳排放总量增速变缓。2019年单位GDP碳排放比2015年、2005年分别下降18.2%、48.1%，超过对外承诺的2020年比2005年下降40%~45%的目标，基本扭转了碳排放快速增长的局面。中国新能源使用成本也在不断下降。2019年全国光伏发电成本相比2010年降低了82%；陆上风电降低了39%，已经形成对煤电的价格优势，并进入平价上网阶段；海上风电成本也持续下降。中国国土绿化工作也取得显著进展，碳汇能力不断提升。据世界银行统计，2010年至2020年中国森林面积年均净增193.7万公顷，居全球首位，分别是澳洲和印度的4.3倍和7.3倍。

中国已经具备一定的新能源产业优势，同时具备超大规模市场优势。目前中国在可再生能源、新能源汽车等领域处于领先地位，拥有强大的装备制造能力和国内超大规模市场，掌握一部分核心技术，具备关键产业链优势。2019年全国水能、风能、太阳能发电装机容量占世界比重分别达到30.1%、28.4%和30.9%，2008年至2018年年均增速分别为6.5%、102.6%和39.5%，而同期世界平均增速仅为2.5%、46.7%和19.1%。特别是目前中国光伏产业生产能力和市场规模均居世界第一，并已实现全产业链国产化。巨大的生产能力和市场规模，可以吸引更多的资本和技术进入中国，为技术创新和产业发展带来更加坚实的物质支撑。

在社会观念层面已经具备实现"双碳"目标的基本条件。环境意识概念产生于20世纪60年代，是西方发达国家在环境问题日益严峻、人与环境矛盾不断凸显的背景下提出的，是人们在科学认知、思想观念、价值体系、伦理观、行为取向等方面对人与环境关系的综合反映。气候变化作为人类面临的最严峻环境挑战，成为环境意识的重要内容。近年来，中国开展了多种多样的环境意识教育活动，引导青少年从小树立勤俭节约、绿色环保的价值观念；同时也在全社会积极促进生活方式和消费模式向勤俭节约、绿色低碳、文明健康方向转变。目前公众的环保意识和气候意识逐渐增强，越来越多的人开始关心和关注气候变化，并开始践行绿色生活方式。

四、综合施策、协同创新、科学规范实现"双碳"目标

实现"双碳"目标既需要进行顶层设计、战略引领，又需要上下联动、多方协作，更需要建立科学完善的治理体系，开发相应的系统工具，为实现"双碳"目标构建完善的管理体制、市场机制、政策支持、创新环境、社会氛围，使立法行政系统、技术创新系统、市场交易系统、社会环境系统之间高效耦合、形成合力，从而推动全国各地实现共同目标。

科学制定"双碳"目标实施时间表和路线图，在能源供给、能源消费、人为固碳三方面实现重大突破。实现"双碳"目标，关键要在以下三个方面下功夫：一是在能源供给侧，尽可能用非碳能源替代化石能源；二是在能源消费侧，力争在居民生活、交通、工业、农业、建筑等绝大多数领域实现非碳能源对化石能源的替代；三是在人为固

碳方面，通过生态建设、土壤固碳、碳循环利用、碳捕集封存等组合工程消除不得不排放的二氧化碳。中国国土辽阔，东西南北中、各个区域之间技术创新运用能力、经济发展水平以及资源禀赋等存在较大差异，因此实现"双碳"目标，既要与国家重大战略相配合，又要制订差异化行动方案。

充分运用市场机制，实现低碳经济时代的资源配置、价值发现和价值再造。实现"双碳"目标，意味着中国经济社会发展将发生系统性变革，涉及土地、人才、资本、技术、数据等生产要素的优化配置。要配合要素市场化改革和更高标准市场体系建设，实现低碳技术的高效研发运用和市场主体的有效激励。在实现"双碳"目标过程中，金融所具备的价值发现、配置资源功能具有重要地位，气候变化又对金融稳健安全发展和创造持续价值至关重要。要围绕"双碳"目标，加快建设全国用能权、碳排放权交易市场，完善能源消费双控制度。实施金融支持绿色低碳发展专项政策，设立碳减排支持工具。随着碳市场的发展完善，应允许更多的中小企业和社会个体参与碳交易，使他们对碳价产生更加直观深刻的感受，从而增强节能减排意识、杜绝高碳行为。

更好发挥中国的体制优势，加快低碳技术自主研发进程。要充分发挥体制优势，把应对气候变化纳入干部培训和政绩考核体系，使各级领导干部牢固树立新发展理念，增强应对气候变化意识，提高抓绿色低碳发展的本领。在此基础上，政府通过财政税收、绿色金融等多种激励措施，激发企业在低碳技术创新方面的动力，引导企业不断加大在燃煤高效发电技术、半导体照明技术、建筑节能技术、二氧化碳捕获与封存以及脱碳去碳等技术方面的投入。设立国家和省级政府层面的低碳技术研发基金，通过中央、地方和企业的三方资金联动推动攻克核心技术，在关键技术和关键工艺上实现一系列重大突破。加大对低碳产业、低碳技术大型研发平台和研发基地的建设，形成研发集聚效应。加大对低碳科研成果的知识产权保护，协助企业进行相应的成果推广和转化，对率先运用新技术的企业给予资金支持和政策鼓励。

大力开展舆论宣传工作，在全社会形成绿色低碳发展的良好舆论氛围。在全社会普及和传播相关科学知识，强化绿色低碳发展的观念认识，使"绿水青山就是金山银山"深入人心。通过实实在在的行动，让"双碳"目标得到全社会认同。大力宣传碳减排工作取得的成效，让社会各界认识到碳减排与经济增长并不矛盾，反而会促进经济社会高质量发展。在青少年中积极开展气候变化宣传教育和科普工作，让一批又一批社会生力军愿意为应对气候变化采取实际行动，成为低碳条件下实现经济社会高质量发展的践行者。

构建应对气候变化的立法体系，为实现"双碳"目标提供法律保障。在我国当前的立法体系中，关于绿色和循环发展的法律法规已经比较齐全，但在应对气候变化领域尚存法律空白。亟须通过立法来明确应对气候变化的法律地位、工作目标和法律要求，规定部门职责及温室气体排放权的法律属性与交易机制，分解工作目标并开展评价考核，彰显国家应对气候变化的决心，为应对气候变化提供完备的法制支撑。

充分借鉴典型国家的发展经验，积极拓展应对气候变化国际科技合作新空间。应对气候变化不是哪一个国家哪一个地区的义务，是国际大家庭所有成员共同的责任，因此必须建立以共生、互信、协同、参与、分享、多赢为基础的全球应对气候变化科技创新国际合作新模式，扎扎实实向前推动气候多边进程。中国要主动及时把握当前全球应对气候变化领域科技发展机遇期，在开放中积极开展国际科创合作，促进低碳技术进步，积极参与碳中和科技全球治理。

提升蓝碳增汇战略地位 实现"30·60"碳达峰、碳中和目标

靳国良 | 中国碳中和50人论坛特邀研究员
国家发展改革委国际合作中心碳中和课题组组长
中交所（北京）科技公司总裁

我国力争2030年前实现碳达峰、2060年前实现碳中和的愿景目标，是以习近平同志为核心的党中央经过深思熟虑作出的重大战略决策，正在深刻影响着国家经济大势和产业发展方向。2021年的政府工作报告中提出，要扎实做好碳达峰、碳中和工作，制订2030年前碳排放达峰行动方案，明确把2060年前实现碳中和目标纳入生态文明建设整体布局。习近平主席在中共中央政治局第二十九次集体学习时又进一步强调，实现"30·60""双碳"目标是我国向世界作出的庄严承诺，既是我国实现高质量、可持续发展的内在要求，也是推动构建人类命运共同体的必然选择，彰显了我国积极应对气候变化、走绿色低碳发展道路的雄心和决心。

目前，全球已有55个国家（约占全球GDP总量的75%）实现了碳达峰，100多个国家（约占全球碳排放量的65%）正在实施或已提出碳中和目

标。苏里南和不丹宣布已实现了国家碳中和目标；世界大部分发达经济体如英国、美国、德国、法国、日本、意大利、加拿大等陆续承诺在2050年实现碳中和或净零排放目标，而且已将实现碳中和目标的低碳行动纳入立法和国家战略。我国作为全球第二大经济体和最大发展中国家，也是最大的能源消费体和最大的碳排放国家，正面临内在发展不平衡与外在生态环境恶化的双重压力，亟须创新，构建协调、绿色、低碳、开放、共享的新发展格局，坚定不移地推进生态文明建设，确保如期实现"30·60"碳达峰、碳中和的国家既定目标。

现在，我国已开启全面建设社会主义现代化新征程，实现"30·60"碳达峰、碳中和目标的社会低碳转型和经济转型升级行动已按下加速键，正在建立"30·60""双碳"目标的顶层设计和法律制度保障机制，积极推进气候变化层面的国家立法和重大制度建设，从行政、市场、技术、法律等方面全方位建立碳排放总量控制及其分解落实制度，推动实现国家气候应对体系和治理能力现代化，要用30~40年走完西方国家60年的气候治理路程，彰显了大国的责任与担当。中国言出必行，实现"双碳"目标必具挑战性，需要付出艰苦卓绝的努力。我们认为：

一是要以"30·60""双碳"目标为标，厘清二氧化碳（CO_2）排放达峰、温室气体（GHG）排放碳中和的内涵，解析未来实现净零排放、气候中性的边界定义，构建绿色低碳循环发展的世界观，普及推行低碳、零碳、负碳理念和方略。

二是要以"30·60""双碳"目标为杆，尽快完善我国绿色低碳政策体系，健全法律法规和标准体系，构建应对气候变化陆海统筹机制，确定海洋生态在气候变化中应有的主导战略地位，进一步建立健全配置资源起决定作用的碳排放市场体系，围绕推动产业结构优化、推进能源结构调整、推广固碳封储和碳捕捉利用技术，研究提出有针对性和可操作性的政策举措。

三是要以"30·60""双碳"目标为本，推进碳中和实现与人民群众的生活福祉紧密相连，伴随着生活方式、消费模式的转型，包括全社会消费、流通、投资等低碳体系建设在内，未来社会经济的所有创新都应该以绿色、低碳为基调，积极引导形成低碳生产生活方式，推动社会建立在自然资源高效利用和绿色发展的基础之上，推进低碳生活成为公众优先选择，绿色觉醒演绎为全民自觉行动，提质增效成为我国经济社会发展的内生动能，创造绿色低碳未来。

趋势当前，我们深知碳达峰和碳中和是一场深刻的社会革命。为此，务必全面贯彻落实习近平生态文明思想，尊重客观发展规律，坚持实事求是、一切从实际出发的原则，加强"30·60"碳达峰和碳中和顶层设计指导，督促地方及重点领域、行业、企业科学设置目标、制订行动方案，拿出"抓铁有痕、踏石留印"的劲头，紧扣目标分解任务，形成强大政策合力，深入研究"30·60""双碳"目标的时间表、路线图、施工图的问题导向，狠抓工作落实，把握行动节奏，充分发挥碳达峰和碳中和工作领导小组统筹协调作用，确保国家"30·60""双碳"决策部署落地见效。

一是谋划清晰可操作的"30·60"碳达峰、碳中和目标实施时间表，全面感受碳达峰、碳中和工作的时代召唤，按责分工压实地方行政主体责任，坚持分级施政、分类施策、因地制宜、上下联动，全面推进我国区域、行业排放的有序达峰。实现2030年前碳达峰、力争2060年前碳中和目标是一场硬仗，也是体现治国理政能力的一场大考。在建设美丽中国的道路上，要以"十四五"规划和第二个一百年的新开局作为关键起点，充分发挥好国有企业特别是中央企业的引领作用，打破传统藩篱，以融合、包容为导向，依据自身特点制订碳达峰、碳中和方案，围绕"双碳"目标概算路径和任务，带头依照既定目标的绿色进程勇当先锋，实施控排达峰指标和经济发展节奏符合人民群众日益增长需求的绿色低碳路径，体现出中国坚持发展的硬道理，才是全球排放规模最大的经济体（约占全球排放总量的28%）在未来10~40年稳步向"30·60"碳达峰、碳中和目标迈进的根基。

二是制定富有中国特色的碳达峰、碳中和路线图，积极宣传我国应对气候变化的决心、目标、举措、成效，善于用中国思路讲好中国故事。我国是世界上最大的发展中国家，拥有14亿多人口，生态环境整体脆弱，气候条件受到气候变化不利影响极为显著。中国正处在社会经济发展的新常态时期，参照我国提交联合国的国家自主贡献（INDC）预案，对标《巴黎协定》承诺的履约能力，确立国家碳总量及制定"30·60"碳达峰、碳中和路线图，既是挑战，也是机遇。基于当前逆全球化、贸易保护、单边主义对全球低碳转型产生的影响，复杂国际形势中气候合作不确定性显著增强，须清醒认识我国经济发展面临下行压力，坚持中国特色社会主义本质特征，坚定制度优越性的自信心，将全球应对气候变化合作和我国碳达峰、碳中和实现思路集中于二氧化碳历史排放和发达国家累积过量效应上，寻求全球气候治理的最大公约数，以谋划中华民族伟大复兴战略全局和世界百年未有之大变局的高度，携手国际社会设定国家及其地方区域、重点行业方案、技术路线图，以技术创新、模式创新、制度创新驱动，部署我国特色气候治理行动，妥善应对全球性挑战，共同保护好地球家园。

三是制定科学合理的"30·60"碳达峰、碳中和路线图，充分发挥"双碳"行动对构建新发展格局和推动高质量发展的促进作用，打造我国绿色低碳发展核心竞争力。世界自然基金会（WWF）报告认为，现行全球INDCs与《巴黎协定》设定的气候目标仍存在较大差距，现有INDCs加总减排量也仅达到长期气候目标额度的50%左右，存在1.2×10^{10}~1.6×10^{10}tCO$_2$e差额，要将全球温升控制在2℃或更低的1.5℃，必须在2030年达峰后使阶段排放水平呈快速下降趋势；而中国2030年前二氧化碳排放达峰后的经济社会深度脱碳路径研究表明，在2030—2060年明显存在持续提升行动和支持力度的压力。现阶段我国部署"30·60"气候治理目标，强化重大科技创新建设的落地实施，抓住新一轮科技革命和产业变革的历史性机遇，研究加大工业、农业、能源、建筑和交通领域GHG净零排放、负排放和碳移除技术的创新能力，在实现碳达峰、碳中和过程中起到关键作用的光伏、风能以及新能源行业将成为最主要的能源供应输出链，未来世界经济版图及其产业发展进程角色将被重新定义，这意味着我国正在摆脱对外部能源的依赖，完全打破"石油地缘政治"约束，竞争发展的焦点也将逐渐转移到绿色低碳价值链的控制上。现在"30·60""双碳"目标路线图，正是基于应对气候变化构建人类命运共同体理念，正确理解脱碳因素对于人类社会生存与国家经济增长、产业发展阶段的重要性，正在从以前强度主导型的气候控排政策制度过渡到排放峰值引领型管理的路径体系，逐步建成高质量、低排放的现代化经济架构，逐渐融入生态文明发展的现代化过程，行稳致远。

四是建设蓝色海洋碳汇体系，构建中国蓝色碳汇交易框架，提升蓝碳增汇在"30·60"碳达峰、碳中和目标实施中的战略地位。近年来，我国海平面上升速度高于全球平均水平，地表平均温升速率接近全球的2倍，相应直接经济损失是同期全球平均水平（0.14%）的7倍以上。联合国《蓝碳：健康海洋固碳作用的评估报告》认为，全球自然生态系统通过光合作用捕获的碳中约超过55%由海洋生物完成，海洋单位面积固碳量相比陆地植被高10~20倍，海洋生态在应对气候变化中起主导作用，是全球碳循环过程中的最主要力量。我国陆海疆域兼备，既是陆地大国又是海洋大国，地缘接壤15个陆上邻国、6个海上邻国，濒临4海1洋，跨越了3个气候带和22个地理纬度带，超过1500条河流入海。海岸带三大蓝碳生态系统——红树林、盐沼、海草床体系在我国分布广泛，拥有1.84×10^4千米漫长海岸线和1.4247×10^4千米丰富的边缘海，海土面积达2.997×10^6平方千米，沿海湿地面积约6.7×10^6平方千米，约占全国总面积的13%。向内陆延伸和向海伸展10千米等深线、向海到15米水深线的区域占国土面积的15%，承载着40%以上的人口、60%的GDP经济总量，70%的大中城市因海受惠。我国背靠欧亚大陆，面向太平洋，占据地缘地理优势，海河生态系统丰富多样，分布有河口岸、珊瑚礁岸和红树林岸等海岸类型，以及红树林、芦苇群落和碱蓬群落等滨海湿地体系，决定了我国海洋碳汇年固储碳汇量达1.5108×10^6~$3.2208 \times 10^6 tCO_2$，是世界上蓝碳资源最丰富且发展潜力巨大的国家，是世界上最大的海洋水产养殖国和典型海岸带资源经济体。其中环渤海京津冀圈、长江三角洲、珠江三角洲、港澳台等沿海区域经济发达，地理位置独特，极具战略价值，发展蓝碳经济意义深远。

现阶段，国际蓝色碳汇研究初见端倪，中国蓝碳体系研究尚未起步，面临蓝碳计量方法学开发不足、践行蓝色碳汇交易渠道匮乏等问题，蓝碳发展正处于从理论到实践的关键时期。鉴于我国蓝碳资源禀赋好和生产潜力大的特征，沿着联合国INDC履约和我国"30·60"碳达峰、碳中和路径实施进程，除现行有国际碳市场机制、我国7+2碳试点区域和即将运行履约的全国碳交易体系外，未来将深化推进森林覆盖、草场植被、耕地修复、渔业养殖、滩涂治理、红树林生境保护和海洋牧场建设，全部使用精准化、精细化、信息化、标准化管理，蓝色碳汇正在成为应对气候变化、生物多样性保护和绿色可持续发展等全球治理热点领域的汇聚点，作为自然应对全球气候变化的解决方案，扮演至关重要的角色。我国有必要陆海统筹，全面经略海洋，构建中国蓝色碳汇交易体系，使之成为我国应对气候变化政策机制，研发海洋碳汇标准和计量方法学，科学纳入国家INDC组成部分和核证自愿减排量清单，引导发展蓝色经济新模式，论证海洋生态资源产业链的蓝碳金融应用工具，鼓励将蓝碳增汇作为我国气候治理的重要新路径，提升以蓝碳应对气候变化的战略地位，提高实现"30·60"碳达峰、碳中目标的践行能力，加大我国在国际气候变化领域的话语权，为全球气候治理提供中国智慧和解决方案。

关于碳达峰与碳中和的实施路径思考

姚余栋 | 中国碳中和 50 人论坛成员
大成基金副总经理兼首席经济学家
人民银行金融研究所原所长

《巴黎协定》之后，各国陆续就碳排放及温室气体排放相关目标进行表态，欧盟27国决定2030年前加大减排，2050年实现碳中和，拜登政府也宣布美国重返《巴黎协定》。受国际环境的影响，中国政府也是提出力争2030年前二氧化碳排放达到峰值，努力争取2060年前实现碳中和。具体来看，我们计划2030年单位国内生产总值二氧化碳排放强度比2005年下降65%以上，非化石能源占一次能源消费比重达到25%左右，森林蓄积量比2005年增加60亿立方米，风电、太阳能发电总装机容量达到12亿千瓦以上。而关于碳中和，在路径的研究中我们通常认为我国所说的"2060年碳中和"指全部温室气体的中和。碳达峰与碳中和目标的设定加快了我国新能源技术的革新，但也对当前中国的经济发展提出了更高的要求。

一、碳中和的意义

工业革命以后，人类的生产活动开始扩大，不断增加的制造业活动打破了原有的碳源与碳汇的平衡关系，大量的化石能源被使用推高了大气中二氧化碳的浓度，引发了温室效应，导致了全球气候变暖。如果将1850—1900年全球气温水平作为基准，截至2017年，世界平均气温已上升1℃，如果保持每十年上升0.2℃的趋势，预计2040年全球温升就将达到1.5℃。按照现在的趋势，气候变化对人类社会经济的冲击将日益严重，碳减排、碳中和将给人类社会带来长远的收益。

基于全球变暖造成的环境及社会影响，世界各个国家及组织纷纷就限定气温上升幅度达成共识。《巴黎协定》于2015年12月12日在第21届联合国气候变化大会上通过，2016年4月22日在美国纽约联合国大厦签署，2016年11月4日起正式实施。《巴黎协定》正式确立将全球温升幅度控制在2℃以内，并努力限制在1.5℃以内的长期目标，明确缔约方应尽快达到温室气体排放峰值，并在21世纪下半叶实现温室气体净零排放。《巴黎协定》的制定为环境的保护与经济的发展找寻到了一个良好的平衡点，让全球各个国家在发展当前经济的同时也为未来长远的经济发展打下坚实的基础。

对于中国而言，加入《巴黎协定》并做出碳达峰、碳中和的承诺有着重要的国际意义。2019年全球碳排放总量为34169.0 $MtCO_2$，世界前五碳排放地区占比达64.78%。中国于2000年后碳排放量迅速上涨，成为世界第一大碳排放国，占总排放比重达28.76%。作为最大的发展中国家与全球人口最多的国家，中国能否加入《巴黎协定》并在其中发挥关键作用对全球碳排放控制极为关键。2016年4月22日，时任中国国务院副总理张高丽作为习近平主席特使在《巴黎协定》上签字。同年9月3日，全国人大常委会批准中国加入《巴黎协定》，成为完成了批准协定的缔约方之一。这一决定体现了中国的大国气魄与负责任的国际态度，后续碳达峰与碳中和的承诺更是树立了良好的国际形象，与美国政府的出尔反尔形成了鲜明的对比。

从国内的角度来看，碳中和目标的提出对低碳、低能耗提出了更高的要求，对新能源的研究工作提出了更高的期待。从过去20年的经济发展与碳排放情况来看，我国想要在2060年完成碳中和，很大程度需要依赖技术创新与科技进步，光伏、风电等新能源技术的研发就变得极为关键。可以预见的是，中国未来对于碳中和的重视程度将直接推进相关技术的研究。新能源替代化石能源是碳中和的必经之路，而想要打通这条路径，国家就应将更多的资金与政策向其倾斜，这与中国一直提倡的科技强国的口号也不谋而合。

二、碳达峰的峰值

2020年底的中央经济工作会议再次强调要做好碳达峰、碳中和工作，我国二氧化碳排放要力争在2030年前达到峰值，2060年前实现碳中和。就当前的目标而言，2030年的峰值设定尤为关键，高峰值会减少前10年经济发展的压力，但未来30年碳排放从峰值到零的压力就会增加；反之如果将峰值降低，前10年的经济压力就会增加，后30年的中和压力就会减轻。当前中国的碳排放水平居全球首位，远高于欧美等发达经济体，按照2019年国家碳排放的数据来看，中国碳排放量为98.26亿吨，高于美国的49.65亿吨和欧盟的33.3亿吨。因为基数效应，我们认为当前中国仍处于高质量的中速发展，那么相比于后30年的中和时间，前10年的达峰时间内中国的经济发展需求是更高的，因此，我们偏向于将峰值定得相对高一些以保证未来10年中国的经济发展，而之后30年的碳中和则需要依靠科技创新与技术进步来实现。

为了对2030年碳达峰的峰值进行预测，我们使用同时考虑了经济增长与二氧化碳排放情况的Kaya公式来估算具体数值：

$$C = P \cdot \frac{G}{P} \cdot \frac{E}{G} \cdot \frac{C}{E}$$

此公式就是Kaya恒等式，由日本学者Yoichi Kaya（1990）提出，被广泛地用于评估对污染排放造成影响的因素，C为二氧化碳排放；P为人口；G/P为人均GDP，也可以代表区域的经济发展程度；E/G为能源强度，也可以代表区域的能源利用效率；C/E为单位能耗二氧化碳排放，反映区域的能源结构。在公式中加入各驱动因素变化率，并考虑时间因素，可以预测出未来的二氧化碳排放量：

$$C^t = G^0(1+r)^t \frac{E^0}{G^0}(1+g)^t \frac{C^0}{E^0}(1+v)^t$$

其中，r、g、v分别代表GDP、能源强度、单位能耗碳排放的年均变化率。这里我们通过对GDP、能源强度、单位能耗碳排放的未来年均变化率的发展情景进行设计，进而推测得到未来中国二氧化碳排放的发展轨迹与2030年的碳排放峰值。2020年碳排放量约为100亿吨，在维持当前经济增速与能源强度不变，单位能耗碳排放量逐年降低的情况下，我们预测到2030年，碳达峰时的峰值约为120亿吨。诚然这个峰值会增加后30年的碳中和压力，但我们相信未来中国想要实现碳中和，必然是要依靠技术进步和科技创新来实现的。因此当前国家的重要任务，应当是继续维持高质量的经济发展，并加大技术创新为后续的碳中和提供保障。

三、碳中和所带来的能源变革

2000年后中国碳排放水平迅速上升，煤炭燃烧带来的排放显著高于世界平均水平，且2019年在本国排放中占比达71.12%。部门结构上中国与世界情况类似，能源部门占主要比重，但LUCF不同于世界总体情况，呈现负值。我国实现碳中和，应以能源部门为重点，具体分析煤炭消费流向。因此对于国内碳中和目标的实现来说，控制传统能源的使用并转向清洁能源的开发就显得尤为关键，虽然这种转变短期内会导致能源价格冲高，但长期来看将推动能源结构的改革。

对于中国而言，电力行业将在碳减排中起到突出作用。碳中和的实现需要依赖能源供给侧与需求侧共同发力。供给侧方面，电力部门高排放占比的现状决定了电力脱碳是能源供给侧脱碳的关键，光伏、风电迎来历史性机遇。需求侧方面，能源终端电气化将在碳中和进程中发挥至关重要的作用，工业、建筑及交通部门脱碳均不可避免地需要进行终端电气化。

2020年预计中国全社会发电量需求为74718亿千瓦时，至2030年，预计这一数字为99615.4亿~122867亿千瓦时，年化增长率为2.92%~5.10%，如果要实现低碳发展，就需要新增电力以非化石能源为主，提升非化石能源占比。随着电力脱碳的推进，未来碳排放的下降很大一部分需由终端消费电气化来承担。自1990年起，我国电气化率迅速提升，截至2018年，已经达到25.19%，远超世界平均水平，仅次于日本，考虑到能源效率提升，中国终端能源消费将先增后降，2050年终端电气化率将超过50%。

此外，风电与光伏将为电力清洁化提供重要支撑。根据全国水力资源复查成果及中国核能行业协会数据等，在各种非化石能源中，水电、核电、生物质发电等开发潜力均受限，而风电和光伏发电的可开发空间巨大。我国未来必然要依靠风电和光伏发电来进一步提升非化石能源占比，以完成2030年非化石能源占一次能源消费量比例达到25%的目标。从当前的情况看，2019年新增风电、光伏发电量占全社会新增发电量比例为26%，其中风电、光伏发电分别占12%、14%，预计

2025年风电和光伏发电累计占比将达71.24%，其中光伏发电、风电分别占比38.49%、32.75%，2029年后光伏发电和风电装机将进入存量渗透阶段。

未来，我们设想可以在塔克拉玛干沙漠铺设光伏板，然后利用高压电缆将电能输送至全国各地。根据美国NASA的研究，每平方米的沙漠每年接收的太阳能为2000千瓦时到3000千瓦时。未来如果我们可以将光伏板在沙漠中进行覆盖，那足以让1千瓦的电器使用3000小时，按照我国家庭年均用电量6000瓦计算，只要2平方米沙漠就能满足一个家庭一年的用电量。以此计算，如果可以将塔克拉玛干沙漠铺满光伏板，即可满足全国的家庭用电需求。

四、碳中和的经济展望

对于中国未来的经济发展，我们认为应该推进不同地区有序碳达峰，对于有能力的省份和地区，鼓励在2030年前先达峰，对于部分能源大省，合理安排碳达峰进程以缓解碳达峰带来的经济冲击。

当前国内碳中和的工作尚处于起步阶段，还缺少对于碳达峰峰值的确定与路径的规划，相关部门还有很多的工作要做。但可以看见的是，自2020年底中央经济工作会议提及碳中和以来，其对于市场与宏观经济的影响已经逐步显现。对于中国经济而言，碳中和的实现势必会对中国经济造成一定程度的冲击，这也是美国政府之前选择退出《巴黎协定》的原因。碳中和的实现必然需要减少煤炭的开采甚至关闭部分煤炭企业，基于古诺模型的推论，不难发现随着煤炭企业的合并，煤炭供给也会相应减少，对于能源市场而言，供给的收缩将会在一定程度上推高以煤炭为首的不可再生能源的价格。从2021年年初开始，大宗商品的价格不断上涨，一方面，海外原材料价格的提高"功不可没"；另一方面，碳中和也已经开始逐渐推高煤炭等不可再生能源的价格。从当前的经济环境来看，我们认为未来能源的价格还会维持在一个比较高的位置，长远来看，只有真正完成了能源结构改革，利用新能源基本替代传统能源之后，能源价格才能有一个明显的下降。

构建全球绿色金融体系　服务全球应对气候变化

黄剑辉 | 中国碳中和 50 人论坛特邀研究员
中国民生银行研究院院长
华夏新供给经济学研究院首席经济学家

　　加强生态环境保护和生态文明建设，建设美丽中国，已经成为国家的重大发展战略。当前，我国正处于经济结构调整和发展方式转变的关键时期，对支持绿色产业和经济社会可持续发展的绿色金融需求持续扩大。构建绿色金融体系，增加绿色金融供给，是贯彻落实"五大发展理念"和发挥金融服务供给侧结构性改革作用的重要举措，与全球积极应对气候变化、实现碳中和目标的方向也是一致的。在此背景下，加快发展绿色金融，构建绿色金融体系，助力绿色经济，成为全球商业银行顺应宏观政策导向和促进自身经营转型的重要方向。

一、提升对绿色金融的战略认知，将其纳入全球各商业银行中长期发展战略

　　目前，面对内外部的迫切需求和巨大的发展潜力，亟须从战略高度进行商业银行绿色金融发展的顶层设计，将其纳入中长期发展战略，加强

战略认知和规划执行。同时，要加大对绿色金融的宣传力度，积极宣传绿色金融领域的最新政策、优秀案例和业绩突出的机构部门，推动形成发展绿色金融的广泛共识和良好氛围。

二、强化产品与服务创新，加快构建全球绿色金融服务体系

（1）完善绿色信贷总体框架，大力发展绿色信贷

绿色信贷在绿色金融体系中占据首要位置，也是金融机构支持绿色企业发展和绿色经济转型的主要手段。为此，亚洲地区及全球商业银行首先应制定并完善绿色信贷的综合性和分行业指导政策，在现行绿色信贷相关政策的基础上，充分借鉴国内外先进同业的经验，作为全行必须严格执行的信贷标准；其次应构建绿色信贷的责任体系，明确总、分、支机构各部门在绿色信贷方面的职能分工，制定易操作的考核措施，在公司高管和员工绩效考核中加入社会责任指标；再次应创新丰富绿色信贷工具，扩大绿色信贷服务范围，开发出针对企业、项目、个人和家庭的各类绿色信贷产品，如结构化节能抵押品、生态家庭贷款、商业建筑节能贷款、清洁空气汽车贷款、中小企业绿色贷等，开展绿色供应链管理，大力发展绿色消费信贷；最后应在环境和社会风险方面，进一步明确贷前、贷中和贷后的各项管理措施，实现内部各部门与地方政府、金融机构和企业的互相协作和配合，建立健全风险分析预警机制，强化对绿色金融资金运用的监督和评估。

（2）加强布局和业务创新，塑造绿色商业银行投行形象

第一，研究布局，着手绿色金融债、绿色资产证券化等业务的准备工作。一是注意研究各国绿色金融扶持政策，以便在开展绿色投行业务时为符合条件的客户争取相关政策优惠和财政补贴，提供

主动式绿色财务顾问或撮合服务。二是随着监管部门态度日趋明朗，应着手绿色金融债券、绿色资产证券化等业务的准备工作，以抓住市场机遇，满足符合绿色标准的企业融资需求。此外，通过绿色金融债券等绿色融资工具筹集资金，也可应对商业银行负债成本过高和期限错配问题；并可通过绿色资产证券化，提升商业银行资产质量和流动性。

第二，立足实际，选择适合的绿色业务切入点。从我国商业银行投行业务的发展来看，在债券承销、权益融资、顾问咨询、投行类非信贷以及信贷资产证券化领域都有较好的基础，过去对于环保、清洁能源领域事实上也都有所涉及。因此，应认真梳理已开展过的绿色信贷业务，并结合业务优势，筛选相关行业有融资需求且环保意识较高的客户，为其设计绿色投行业务综合性解决方案。

第三，横向打通，与商业银行的绿色信贷部门协同。传统商业银行业务是投行业务的基础，对于绿色投行业务而言同样如此。例如，绿色信贷资产证券化业务顺利开展的前提，就是有大量可作为基础资产的绿色信贷业务。目前，商业银行基础性的绿色金融业务多由公司业务条线承担，熟悉绿色金融业务的专业人才也多集中于公司业务条线。商业银行绿色投行业务要想驶入快车道，应与公司条线的绿色金融团队加强对接和交流。此外，考虑到客户需求的多元化，必要时也可由商业银行总行相关人员组成临时项目组，配合分行对客户开展协同营销，提供包括绿色投行业务在内的全面绿色金融服务。

（3）参与设立绿色发展基金，以PPP模式助力绿色发展

中国政府印发的《关于构建绿色金融体系的指导意见》中，明确鼓励有条件的地方政府和社会资本共同发起区域性的绿色发展基金，

支持地方绿色产业发展；绿色产业基金将以市场化方式运作，有效带动社会资本投入，进一步提高资金使用效率。绿色发展基金将成为未来推动绿色金融发展的一股重要力量。

（4）发展各类碳金融产品，形成"全产业链"配套综合金融服务

当前，我国碳金融市场正在起步，全国统一的碳排放权交易市场正加快建立，未来发展空间广阔。商业银行要充分利用此契机，有序创新发展碳远期、碳掉期、碳期权、碳租赁、碳债券、碳资产证券化和碳基金等碳金融产品和衍生工具，发展环境权益回购、碳保理、碳托管、碳交易财务顾问等金融产品，初步形成涵盖企业碳资产从生成到交易管理的"全产业链"配套综合金融服务，拓宽企业绿色融资渠道，在市场竞争中占得先机。

（5）借助集团和外部力量，打造绿色金融综合产品体系

在综合化需求日趋强烈的今天，应整合集团力量，将绿色金融作为集团的核心业务之一。要在集团层面建立专项推动机制，利用各附属机构的牌照、渠道和优势，创新提供绿色融资、绿色投资、绿色基金、绿色租赁、绿色信托、绿色消费、绿色理财、绿色咨询顾问等服务，满足绿色企业和项目"融资+融智+融商"等全方位需求，实现从"单兵作战"向"集团联动"转变。

三、积极推行国际原则，大力参与国际合作

在当前国内绿色金融跨越式发展的背景下，商业银行首先应积极研究和参考国际上现有的较为完善的原则制度，如赤道原则、联合国责任投资原则、联合国环境规划署金融行动等，制定实施绿色金融的政策和方针，以加快与国际金融体制和惯例接轨。其次要积极参与绿色金融领域的国际合作，创新开发各类信贷产品（如国际金融公司能

效贷款、法国开发署绿色中间信贷、亚洲开发银行建筑节能贷款等）；紧紧围绕"一带一路"、中国—东盟等国家和区域战略布局，推动区域性绿色金融国际合作，探索设立合资绿色发展基金，并以跨国银团贷款等方式来分散和规避合规风险。

四、完善组织机构建设，打造专业人才团队

早期的赤道银行和国内的领先银行均成立了绿色金融专业负责机构，并赋予其制定和发展绿色金融战略的权利和责任。因此，要实现绿色金融的专业和持续发展，商业银行有必要在集团层面成立"可持续发展委员会"，负责确定绿色金融发展战略，审批高级管理层制定的绿色金融目标和提交的绿色金融报告，监督绿色金融实施情况和绩效考核等；将现有的"绿色企业金融服务中心"扩展并升级为总行专营部门，用以制定绿色金融的分步目标、总体框架和实施方针，并建立起总—分—支的绿色管理层级，实现绿色金融业务的专职管理和全面覆盖。

五、加强前瞻性研究和对外交流，不断提升影响力和品牌形象

作为绿色金融领域的追赶者，商业银行一是需紧密关注和掌握国家政策导向、国内外同业发展现状，紧抓市场机会；二是要在业务拓展过程中，结合内外需求，加强对绿色金融领域的前瞻性研究，定期出具绿色金融发展报告，传播绿色金融业务知识、分享绿色经验、提升影响力和品牌形象；三是要积极参与人民银行、银监会等监管部门牵头的相关政策的制定，注重加强与国内众多国家部委、地方政府、金融同业、学术机构以及IFC、WWF、UNEPFI等国际机构在绿色金融领域的交流合作，不断提升自身绿色金融能力建设；四是要积极"走

出去"，与发达国家、新兴市场国家银行同业交流，分享绿色金融发展经验，取长补短，强化合作；五是在经营过程中，要不断向客户普及绿色金融领域的先进理念和管理经验，引导客户从被动遵循绿色原则向主动寻求以绿色原则为标准管理自身环境与防范社会风险转变，实现多方共赢。

发挥新时代"碳"经济在构建新发展格局中的作用

李纪珍 | 中国碳中和 50 人论坛特邀研究员
清华大学经济管理学院副院长、教授

何继江 | 中国碳中和 50 人论坛特邀研究员
清华大学社科学院能源转型与社会发展研究中心常务副主任

杨欣元 | 加拿大滑铁卢大学博士生

2019年9月22日，习近平主席在联合国第75届大会上庄严承诺中国将于2030年前实现二氧化碳排放达峰，2060年前努力实现碳中和。2020年底召开的中央经济工作会议把做好碳达峰、碳中和工作列为2021年八项重点任务之一。2020年底召开的地方"两会"，各省市区政府的工作报告中纷纷响应中央经济工作会议部署，均提到了碳达峰、碳中和的相关内容。2021年3月的我国政府工作报告也指出，要扎实做好碳达峰、碳中和各项工作，制订2030年前碳排放达峰行动方案。"碳"经济无疑成为当前构建新发展格局的重中之重。

一、气候问题严峻，碳减排成为全球共识

气候问题日益严峻，减排行动刻不容缓。世界气象组织公布，2016—2020年全球平均气温是

有记录以来最暖的，比1850—1900年高出约1.1℃。全球平均海平面加速上升、极端天气事件发生频率增长等问题已经引起世界各国的重视。为了全面应对全球气候变暖问题，联合国多次召开气候变化大会。自2015年《巴黎协定》签署以来，各国相继提出国家自主贡献承诺，但减排之路依然任重道远。根据联合国政府间气候变化专门委员会（IPCC）2018年10月发布的《全球1.5℃增暖特别报告》，实现1.5℃目标，需要全球在2050年左右实现温室气体净零排放。据联合国环境规划署《2020排放差距报告》估计，为实现《巴黎协定》的2℃目标，到2030年前全球需削减120亿~150亿吨二氧化碳排放，1.5℃目标则需要削减290亿~320亿吨二氧化碳排放，大致相当于目前六个最大排放体的总排放量，只有各国共同行动才有希望实现《巴黎协定》的减排目标。在《巴黎协定》框架下，碳减排成为全球共识，全球气候治理新格局逐步形成。越来越多的国家正在将其转化为国家战略，提出无碳的未来愿景。

二、政策催化下，国内碳减排进程加速

全球平均温度较工业化前水平急剧升高，气候问题日益严峻，减排行动刻不容缓。在《巴黎协定》框架下，碳减排成为全球共识，全球气候治理新格局逐步形成。中国碳中和的目标已经确定，国家碳达峰、碳中和路线图正在研究中，各部委碳达峰、碳中和制度正在不断建设中。与此同时，各省市区"十四五"规划出炉，在绿色低碳发展领域各尽所长。上海、福建、海南等省市明确提出提前全面实现碳达峰的目标。

三、减排形势严峻，减排进程加速推进

碳中和目标下，我国碳减排形势严峻。中国二氧化碳排放量居于世界首位，分别是美国、欧盟的2倍和3倍，2010年到2019年我国碳排

放增速为21%。进入21世纪，中国经济迅速崛起，工业主导的产业结构导致碳排放增速较快，碳排放压力在国际倡导低碳减排的背景下日益加大。当然，我国能源结构仍以化石能源为主，能源结构也尚待优化。

近年来低碳转型成效显著，碳强度大幅下降。风电以及太阳能光伏发电装机容量不断突破，森林覆盖率再上新台阶，森林碳汇能力逐步提升。虽然碳排放总量仍处于增长态势，但随着能源使用效率的提高、新能源的发展等，我国碳强度（单位GDP的二氧化碳排放量）处于下降通道。根据我国生态环境部测算，截至2019年底，我国碳强度较2005年降低约48.1%。

四、碳交易体系稳步建设

中国的碳交易市场采取试点先行、逐步铺开的方式推进。2011年10月，中国首次批准7个省市作为碳交易试点。截至2020年11月，试点省市碳市场共覆盖钢铁、电力、水泥等20多个行业，接近3000家企业，累计配额成交量约为4.3亿吨二氧化碳当量，累计成交额近100亿元人民币。当前中国的碳市场已经成为仅次于欧盟的第二大市场。随着全国碳交易市场的开启，中国的碳成交额将迅速攀升。

五、碳交易体系加速扩容

2020年12月，《碳排放权交易管理办法（试行）》印发，明确提出全国碳交易体系于2021年2月正式运行。具体而言，温室气体排放单位符合下列条件的，应当列入温室气体重点排放单位名录：属于全国碳排放权交易市场覆盖行业；年度温室气体排放量达到2.6万吨二氧化碳当量。根据《碳排放权交易管理办法（试行）》，碳排放权交易通过全国碳排放权交易系统进行，可以采取协议转让、单向竞价或者其他符合规定的方式。全国碳市场的启动，意味着我国节能减碳工作将更加依靠市场化手段。此外碳排放配额以免费分配为主，可以根据国家有关要求适时引入有偿分配。根据规划，到2020年以后，全国碳市场要发展多元化的交易模式，除了场内交易以外，还要发展场外交易，除了现货交易，还要发展期货交易，形成运行稳定、健康发展的交易市场。

六、能源结构尚待优化，清洁能源发展加速推进

伴随着中国经济的发展和工业化进程的推进，我国能源消费总量整体呈现上升趋势。受资源禀赋与技术约束，我国能源结构仍以化石能源为主，其中原煤占据绝对主导地位，其余依次是原油，水电、核电和风电三种非化石能源和天然气。然而，原煤在我国能源消费占比逐年下降，2019年占比为57.50%，相比2010年下降了11.5个百分点；天然气与水电、核电和风电占比显著上升，2019年两者比重分别达到8.1%、15.3%，相比2010年分别上升了4.1个、5.9个百分点。发电能源结构亟待调整。从我国的发电能源耗用结构来看，目前我国发电仍以燃煤为主，清洁可再生能源占比不高。2019年煤炭发电比重为64.6%，其次为水电、风电、核电。近年来，国家大力支持的太阳能光伏发电增长很快，但在总电量中占比仍然很低，仅为3.0%，风电为5.4%；为实现碳减排的目标，清洁能源开发、节能、电气化以及碳捕获技术成为我国未来主要关注的方向。

七、加速绿色基础设施建设

碳中和目标下绿色基建可创新潜力巨大。2018年中央经济工作会议首次提出"新型基础设施建设"，随后"新基建"多次出现在国家层

面的文件和会议部署中。

2020年4月20日，发改委召开新闻发布会，首次明确了"新基建"的范围，其中包含大量绿色成分。绿色"新基建"是指基础建设类项目及其上下游产业中能够支持环境改善、应对气候变化和资源节约高效利用的活动，即与环保、节能、清洁能源、绿色交通、绿色建筑等领域相关的项目。一是"新基建"中的城际高速铁路和城际轨道交通、充电桩等，这些内容本身就可以对应发改委等七部委联合印发的《绿色产业指导目录（2019年版）》，属于绿色产业的范畴；二是5G、人工智能、工业互联网等技术可用于产业增质提效，是发展绿色产业不可或缺的要素。绿色"新基建"在实施过程中不仅能给关键行业带来投资机遇，而且能够带动产业链上下游的绿色投资。

八、新能源行业会迎来新变局

产业绿色升级必然会带来经济新变局，新兴能源行业发展空间巨大。碳中和目标下，新兴能源行业（包括新能源、光伏发电、风电、电力设备等）进入高景气发展期，有助于带动全产业链需求扩张。光伏发电、风电具有较好的经济性和成本竞争力，属于环境友好型清洁能源，未来需求将会显著扩张，从而带动上游原材料、中游设备制造、下游消费端、运营商等全产业链需求扩张。在新能源汽车领域，新能源汽车的销售渗透率在不断提升，加上"碳中和"的目标硬约束，渗透率将会更进一步提升。而新能源汽车上游的有色金属行业未来需求也将扩张。电网是实现碳中和目标、推进清洁能源发展的手段之一，与其相关的电力设备行业也将得到快速发展。

综合来看，在发挥习近平新时代中国特色社会主义思想的领航灯塔作用的前提下，有效利用中国在"碳"经济中的人口优势、行业资源优势和制度创新优势，充分发挥市场创新在产业结构转型、绿色消费升级中的主观能动性，精准把握经济结构调整转型的历史机遇期，将会为我国各个行业的绿色循环经济模式树立新发展理念、构建新发展格局，以及为全面实现"十四五"的"碳"目标奠定坚实的基础。

"双碳"目标下企业领导人应提高的四个意识

吴宏杰 | 中国碳中和50人论坛特邀研究员
中国产业发展研究院副秘书长、碳中和技术中心主任

2020年9月22日，习近平主席在第75届联合国大会一般性辩论会上郑重提出中国"二氧化碳排放力争于2030年前达到峰值，努力争取2060年前实现碳中和"的"双碳"目标。企业是实现国家碳达峰、碳中和目标的载体，因此我国各级各类企业将是"双碳"目标的重要实现者，在这个目标实现的过程中，企业领导人的作用尤为关键。鉴于国家碳达峰、碳中和的紧迫形势和目前企业领导人碳中和意识不足的实际情况，建议企业领导人提高四个意识：第一，提高碳中和政治意识；第二，提高碳资产经营意识；第三，提高企业碳资产管理意识；第四，提高碳达峰、碳中和先行一步的意识。

一、提高企业领导人的碳中和政治意识

2021年3月15日，习近平主席在主持召开中央财经委员会第九次会议时强调，我国力争2030年前实现碳达峰，2060年前实现碳中和，是党中央

经过深思熟虑做出的重大战略决策，事关中华民族永续发展和构建人类命运共同体。

实现碳达峰、碳中和是一场广泛而深刻的经济社会系统性变革，要把碳达峰、碳中和纳入生态文明建设整体布局，拿出"抓铁有痕"的劲头，如期实现2030年前碳达峰、2060年前碳中和的目标。

会议强调，实现碳达峰、碳中和是一场硬仗，也是对我们党治国理政能力的一场大考。要加强党中央集中统一领导，完善监督考核机制。各级党委和政府要扛起责任，做到有目标、有措施、有检查。领导干部要加强碳排放相关知识的学习，增强抓好绿色低碳发展的本领。

《巴黎协定》的目标明确，即将全球温升控制在2℃范围内，乃至1.5℃范围内（目前全球平均气温比工业化前升高约1℃），21世纪下半叶实现温室气体人为排放源与汇的清除之间的平衡。

习近平总书记从2020年9月22日起到2021年7月6日，在不同的国际国内重大会议上做出12次讲话，阐述中国的"双碳"目标，展现了中国的大国责任，以及为增进人类福祉做出的新贡献。

我国用全球历史上最短的时间实现从碳达峰到碳中和，需要开展的是一场广泛而深刻的经济社会系统性变革。因此各级各类企业领导人要深刻领会中国"双碳"目标的政治意义，提高政治意识，才能指导今后相当长时期的工作。

二、提高企业领导人的碳资产经营意识

碳资产是指在强制碳排放权交易机制或者自愿减排交易机制下，产生的可直接或间接影响组织温室气体排放的碳排放配额、减排信用额及其他衍生品。

企业最基本的碳资产包括如下两大类：

一是在碳交易体系下，企业由政府分配的碳排放权配额碳资产。

二是企业投资开发的碳减排项目所产生的减排信用额，且该项目成功申请了国际减排机制项目或者中国核证自愿减排项目，并在碳交易市场上进行交易或转让，此为减排信用额碳资产。

由于碳资产的特殊属性，如果企业领导人没有经营碳资产的意识，碳资产的价值将大打折扣，甚至为零。

1. 配额碳资产

主要产生在八大行业的企业中，见表1。

表 1　存在配额碳资产的八大主要行业

行业分类	企业子类
石化	原油加工
	乙烯
化工	无机基础化学原料、有机化学原料、化学肥料、有机肥料及微生物肥料、化学农药、生物农药及微生物农药、合成材料
建材	水泥熟料
	平板玻璃
钢铁	粗钢
	轧制、锻造钢坯、钢材
有色金属	电解铝
	铜冶炼
造纸	纸浆
	机制纸和纸板
电力	纯发电
	热电联产
	电网
航空运输	航空旅客运输
	航空货物运输
	机场

以上八大行业的相关企业在获得碳配额后，要综合利用各种市场手段，努力提高配额碳资产的价值。

截至2021年8月23日，全国碳排放权交易所的相关统计数据见表2。

表2 全国碳排放交易所数据（截至2021年8月23日）

项目	数据
累计挂牌协议成交量（吨）	5363990.00
累计挂牌协议成交额（元）	278360989.73
挂牌协议均价（元）	51.89
累计大宗协议成交量（吨）	2579856.00
累计大宗协议成交额（元）	115276693.72
大宗协议均价（元）	44.68
累计成交量（吨）	7943846.00
累计成交额（元）	393637683.45
合计均价（元）	49.55

企业配额碳资产的价值可以参考全国碳排放权交易市场的价格走势，并以此进行估值。收盘价走势见图1。

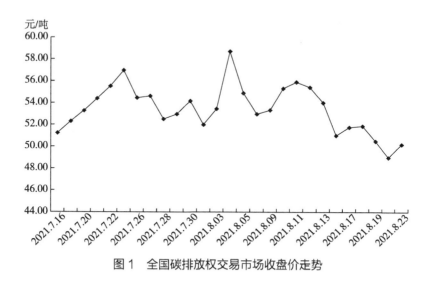

图1 全国碳排放权交易市场收盘价走势

2. 减排碳资产的开发

中国自愿减排项目的主要项目类型是可再生能源项目，包括风电、水电、光伏发电、生物质发电、甲烷回收以及林业碳汇项目等（见图2）。

风电项目　　　　　　水电项目　　　　　　光伏发电项目

甲烷回收发电或供热项目　　生物质发电或供热项目　　林业碳汇项目

图2　中国自愿减排项目的主要项目类型

中国自愿减排项目开发参与机构主要包括以下四类：

①主管部门。生态环境部是温室气体自愿减排交易的国家主管部门，负责项目和减排量的备案和登记。

②项目申请主体。项目申请主体是在中国境内注册的企业法人，一般指项目业主。

③审核机构。审核机构是指经国家主管部门备案登记的第三方审定和审核机构，其对项目是否符合要求进行审定，出具审定报告，对项目的监测进行核查，出具核查报告。

④咨询机构。由于项目开发具有专业性，开发周期较长，咨询机构在项目开发上有充分的开发经验，能够大大提高项目开发的成功率，缩短项目的开发周期。

各个机构在CCER项目的开发流程中所负责的内容如图3所示。

这些碳减排项目，如果不是按照碳减排方法学的规定投资、建设、运营以及日常监测，有可能不会产生碳减排量，因此企业领导人要高度重视。

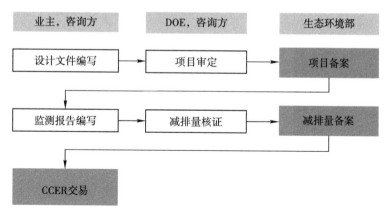

图3 CCER项目开发流程

如果每个项目开发成功,最长可以享受21年的碳减排收益,林业碳汇项目最长可以享受60年的碳减排收益,因此额外收益很大。

3. 用碳金融提升企业碳资产价值

在碳金融市场,基本原生交易工具是碳排放权和碳减排信用额,基本衍生交易工具主要有碳远期、碳期货、碳期权、碳掉期等,还有其他创新衍生交易工具(见图4)。

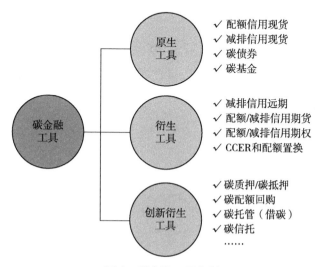

图4 碳金融工具分类

金融作为资源优化配置和资金余缺调剂的重要手段和方式，在中国碳达峰、碳中和的道路上将发挥重要的作用。企业要最大限度地提升碳资产价值，需利用好这些碳金融工具，如碳质押、碳托管、碳基金、碳债券、碳远期、碳期货、碳期权、碳掉期等（见图5）。

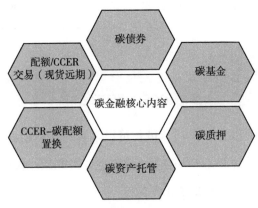

图5　企业常用的碳金融方式

三、提高企业领导人的企业碳资产管理意识

碳资产管理是指围绕温室气体减排开展的以碳资产生成、利润或社会声誉最大化、损失最小化为目的的现代企业管理行为。主要的管理内容包括碳盘查、信息公开（碳披露、碳标签）、企业内部减排、碳中和、碳交易及碳金融等。

企业碳资产管理体系建设主要步骤见图6。

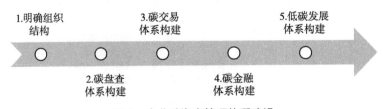

图6　企业碳资产管理体系建设

1. 明确组织结构（见图7）

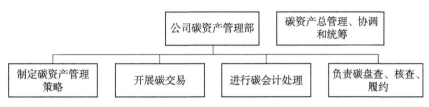

图7 企业碳资产管理组织结构（建议）

2. 碳盘查体系构建（见图8）

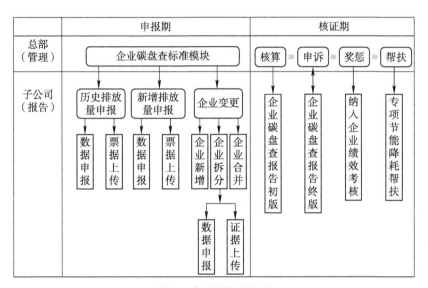

图8 企业碳盘查体系

3. 碳交易体系构建（见图9）

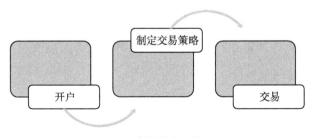

图9 企业碳交易体系

交易的核心是风险控制。交易策略的制定原则是交易前确定，交易后总结。

4.碳金融体系构建（见图10）

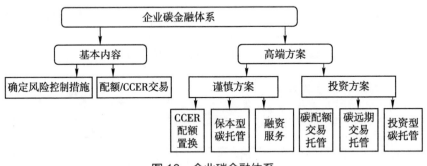

图 10　企业碳金融体系

5.低碳发展体系构建（见图11）

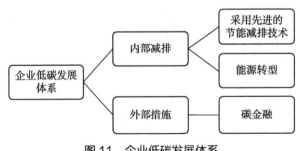

图 11　企业低碳发展体系

四、提高企业领导人在"双碳"目标下先行一步的意识

2021年4月22日，习近平总书记在"领导人气候峰会"上讲话，支持有条件的地方和重点行业、重点企业率先达峰。由此可见实现"双碳"目标的时间紧迫性。

企业领导者在"双碳"目标下先行一步，带领企业率先实施碳达峰、碳中和可以提高政治站位，实现企业碳资产收益最大化，促进绿色资金流入企业，促进企业工业结构转型，促进企业新能源以及节能技术的发展，为企业未来的发展奠定先机。

企业实施碳达峰、碳中和的路径见图12。

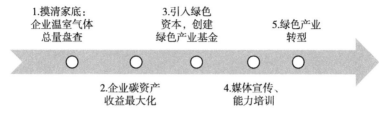

图 12　碳达峰、碳中和路径

历史已将重大责任赋予了我们当代企业领导人，企业领导人应该勇挑重担，快速学习，在碳达峰、碳中和道路上提高以上四个意识，完成历史、国家赋予我们的使命，为国家"双碳"目标的实现贡献我们的智慧。

谨慎地创造游戏规则——欧盟"碳关税"法案详解

吴必轩 | 中国碳中和50人论坛特邀研究员
海华永泰（北京）律师事务所高级合伙人

2021年7月14日，欧盟委员会正式公布了包含16个立法草案在内的一揽子气候措施提案。这一系列措施旨在落实欧盟雄心勃勃的减排目标——到2030年温室气体排放量比1990年减少55%。在这次公布的16个立法草案中，包括了备受瞩目的碳边界调节机制（CBAM，俗称"碳关税"）法案。

欧盟的碳关税是第一个有可能对全球贸易规则产生深远影响的气候相关措施。从2020年6月初开始，先后有一份碳关税立法草案和一份欧盟碳市场改革立法草案"流出"，引起了气候政策圈内的广泛关注。笔者也根据这两份文件分析了欧盟碳关税的可能形态[1]。现在，随着欧盟官方版本的公布，我们终于可以一见碳关税的庐山真面目。在下文中，主要以CBAM指代欧盟的碳边界调节机制，即俗称的碳关税。

---

① 欧盟碳关税法案（流出稿）要点解读——对中国钢铝行业冲击最大[EB/OL]. http://www.eeo.com.cn/2021/0612/491487. shtml；欧盟碳市场改革法案流出，碳关税拼图逐渐完整[EB/OL]. http://www.eeo.com.cn/2021/0704/493667.shtml.

一、谨慎是欧盟委员会最重要的立场选择

（一）碳关税将和欧盟企业的免费排放配额长期共存

CBAM落地后，是否取消免费发放给欧盟相关产业的排放配额，一直是争议焦点。

CBAM立法草案（以下简称《草案》）明确了CBAM将和免费配额长期共存。《草案》第1章表示，CBAM将"逐渐变成"免费排放配额的替代品。"逐渐"是多久？《草案》中没有答案，答案在同时公布的改革欧盟排放交易体系（EU ETS）的立法草案（以下简称《EU ETS草案》）中。《EU ETS草案》规定，在CBAM的过渡期内（2023—2025年），CBAM所覆盖的欧盟产业仍将获得100%的应得免费配额。在2026年，即CBAM正式实施的第一年，这些产业将获得90%的应得免费配额。此后逐年递减10%，至2035年减至零。也就是说，要用12年时间才能完成免费配额机制的逐渐退出。

保留还是取消免费配额对欧盟委员会来说是一个艰难选择。CBAM和免费配额都是防止"碳泄漏"的措施。碳泄漏是指由于欧盟推行严格的减排政策，欧盟企业会搬到减排政策宽松的国家（企业迁出），或者导致排放成本较低的进口产品冲击欧盟市场（"碳倾销"）。免费配额降低了欧盟高能耗且贸易暴露行业（如钢铁、水泥行业）的排放成本，从而降低了碳泄漏的风险，是对欧盟产业的一重保护。而CBAM则是提高进口产品的排放成本，也是对欧盟产业的一重保护。在实施CBAM的同时保留免费配额会形成双重保护，使CBAM面临较高的WTO违规风险和外部阻力。而取消免费配额则会触及欧盟产业的既得利益，使CBAM面临较大的内部阻力。

欧盟委员会选择了一个尽可能内外兼顾的方案，一方面保留免费配额，另一方面尽量避免双重保护，做法是在进口产品缴纳碳关税时，

扣除欧盟同类产品企业获得的免费排放额度。

（二）只对进口产品的直接排放征收碳关税

在过渡期内（2023—2025年），CBAM只适用于进口产品在生产过程中的直接排放，不计外购电力排放，也不计在系统边界外生产上游投入物时产生的排放。那么过渡期之后呢？不确定。在过渡期结束前，欧盟委员会将研究是否把CBAM扩展至间接排放。

这是一个令人吃惊的变化。2020年3月，欧洲议会在设立CBAM的原则性决议中明确表示，进口产品的碳定价应同时包括直接排放与间接排放。此前流出的CBAM草案也说直接和间接排放都要计入。现在正式版的《草案》居然放过了间接排放，这无疑会大幅降低进口产品的核定排放量，也就是碳关税的"税基"。这看起来好像是欧盟对所有贸易伙伴的一个巨大让步，其实未必。我们必须结合下文的过渡期措施一起分析。

（三）过渡期不征税

2023—2025年是CBAM的过渡期。在此期间，进口产品不需缴纳碳关税。但进口商必须每季度提交报告，内容包括：①按类统计的当季进口产品总量，并注明生产商；②每类产品的直接排放量；③每类产品的间接排放量；④上述直接排放量在原产国之应付碳价。若不交报告则有处罚。

过渡期是一个强制演习期。对出口方来说，除了不用交钱，每个季度都必须计算产品的直接排放和间接排放。既然如此，在过渡期内不纳入间接排放其实毫无意义。在经济方面，它没有任何减负作用，因为本来就不征税。在时间和精力方面也没有任何减负作用，因为无论如何还是要计算间接排放。那么过渡期之后呢？《草案》已经留有余地，欧盟委员会有权，也完全可能调整政策，把碳关税的范围扩大到间接排放。

过渡期不征税对出口方来说是一项真正的"实惠",它有助于缓解欧盟的贸易伙伴对CBAM的警惕态度。让免费排放配额缓慢出局则能够很大程度缓解欧盟内部产业的焦虑。不计间接排放的象征意义大于实际意义,但也有安抚作用。总体来看,欧盟委员会并未低估推动CBAM所面临的阻力,在现阶段选择了渐进的谨慎路线。但是随着时间的推移,尤其是2020年11月第26届联合国气候变化大会(COP26)之后,不排除欧盟的策略会发生变化。

二、CBAM的产品范围和适用国别

要点1:产品范围限于水泥、电力、化肥、钢铁和铝

根据《草案》,CBAM的适用范围将限于进口到欧盟的水泥、电力、化肥、钢铁和铝。这是一个谨慎的、缩水的产品范围。此前欧洲议会的态度是,CBAM应适用于欧盟排放交易体系下的所有产品,应该覆盖电力和能源密集行业,如水泥、钢铁、铝、炼油、造纸、玻璃、化工和化肥。而《草案》的产品范围小于欧盟ETS的产品范围,也未纳入炼油、化工、造纸和玻璃这几类具有高碳泄漏风险的产品。

较2020年6月份"流出稿"的重大变化:钢铁的范围大幅扩大。原来只收入海关编码第72章"铁和钢"下的碳钢产品,现在增加了不锈钢和特钢产品。新加入了海关编码第73章"钢铁制品"下的钢管和部分其他钢铁制品,表明欧盟委员会意在防止出口商通过出口钢铁的直接下游产品规避CBAM。

国别豁免:根据《草案》第2节,CBAM只豁免已加入欧盟碳市场的非欧盟国家,或者和欧盟建立了碳市场挂钩(linking)的国家,而且这些国家必须保证产品实际已支付了碳价。附件2规定,CBAM不适用于原产于冰岛、列支敦士登、挪威和瑞士以及6个欧盟海外领地的进口产品。其中瑞士已和欧盟建立了碳市场挂钩，其他4个国家属于欧洲经济区（EEA），已加入欧盟碳市场。《草案》并未给予最不发达国家和小岛屿发展中国家特殊待遇，只在序言中表示欧盟应向最不发达国家提供技术援助，以使其适应CBAM下的新义务。

三、"纳税"流程

要点2：进口商承担纳税义务

CBAM的支付义务由进口商承担。进口商需首先获得从事CBAM管控产品进口业务的资格。进口商要在所属的欧盟成员国内向CBAM主管机关注册登记，经批准后成为"授权申报人"（注册进口商），才能进口相关产品。每一个欧盟成员国分别设立CBAM注册系统和数据库，每一个注册进口商都在本国的CBAM系统中有一个独立的账户。

要点3：进口产品的碳价与欧盟碳价挂钩

针对进口产品中所含的每一吨碳排放[①]，进口商都必须向其所在的欧盟成员国的CBAM主管机关购买一张CBAM电子凭证。欧盟委员会将负责计算每周欧盟拍卖排放额度的平均结算价格，并在下一周的第一个工作日公布，该价格即作为从第二个工作日到再下一周的第一个工作日期间的CBAM电子凭证价格。每一张CBAM电子凭证都有独立的编号。进口商购买CBAM电子凭证的数量、价格和日期均记录在它的CBAM系统账户里。

要点4：碳价不是在产品进口时支付，而是按年度结算

在进口产品清关时，进口商并不需要缴纳CBAM电子凭证。换言之，碳关税并不是在产品进口环节逐笔征收，而是在第二年的1月到5月统一结算。

[①] 指二氧化碳及其他温室气体的排放量；下同。

申报排放量:《草案》第6节规定,在每年5月31日之前,注册进口商须向本国CBAM主管机关申报:①按类统计的进口产品总量;②每类产品的总排放量;③应缴纳的与上述排放量相对应的CBAM电子凭证数量,扣除进口产品在生产国已付之碳价和欧盟同类产品企业获得的免费排放额度。

缴纳CBAM电子凭证:《草案》第22节规定,在每年5月31日之前,注册进口商应向本国CBAM主管机关缴纳与其申报且经过核查的排放量相当的CBAM电子凭证。

要点5:CBAM电子凭证的存量、回购和清零政策可防止套利行为

CBAM电子凭证不可交易(进口商和CBAM主管机关之间的交易除外),这是它与欧盟碳市场排放额度的最大区别。

为防止进口商拖到5月底集中购买CBAM电子凭证,《草案》规定在每个季度末,进口商的CBAM账户上都应当有一定存量的CBAM电子凭证。具体办法是,进口商要根据默认排放强度估算每一季度的进口排放量,然后购买至少相当于估算排放量80%的CBAM电子凭证存在账上。这项规定实质是强制进口商按季度购买CBAM电子凭证,避免在清缴结算时突击购买。

CBAM电子凭证的回购和清零:《草案》第23节规定,在年度清缴之后,应进口商之要求,CBAM行政机关应回购进口商账户上多余的电子凭证,回购价格为进口商购买该电子凭证时所支付的价格。但是,回购数量不能超过进口商在上一年度购买的电子凭证总数的1/3(此前流出稿规定为10%)。在每年6月30日之前,CBAM行政机关应将进口商账户上购买的电子凭证与上年度的所有CBAM电子凭证清零。

上述存量、回购和清零政策的组合效果很有意思,其可以防止套利行为(arbitrage),使进口产品的排放成本更加贴近进口时的欧盟市

场的碳价。首先，存量要求意味着进口时就要购买绝大部分的CBAM电子凭证，因为有"每季度估算排放量的80%"这一下限。其次，清零政策也抑制了囤积。如果进口商在某年购买了很多电子凭证，第二年清缴后有所剩余，即可申请CBAM行政机关回购。如果回购后仍有剩余，这部分就必须在第三年的清缴时用尽，否则会被强制清零。

四、核算排放量的准则

要点6：鼓励出口企业证明实际排放量，否则套用默认排放强度

前面讲到，每年5月底之前，进口商必须申报上一年度进口产品的排放量，作为缴纳CBAM电子凭证数量的依据。排放量是"税基"，计算公式如下：

$$排放量=质量×排放强度$$

原则上，排放量的计算应基于进口产品的实际排放强度。但是，如果无法充分确定实际排放强度，则套用默认的排放强度。

要点7：默认排放强度采用出口国行业平均值，没有数据时套用欧盟最差表现

《草案》附件3规定，应针对每一个国家的每一类CBAM管控产品设定默认排放强度，即以该国该类产品的平均排放强度为基础，加上一个"加成"（mark-up）。这个"加成"是什么？为什么增加？《草案》中没有任何解释，只说会在后续出台的实施细则中确定。如果没有某国的某类产品平均排放强度的可靠数据，则默认排放强度采用欧盟同行业中排放水平最高的10%的企业的平均排放强度。换言之，套用欧盟同类企业中减排"劣等生"的平均排放强度。

进口电力：与其他产品相反，进口电力的排放量计算优先使用默认值。但此事与中国无关。

要点8：在排放量基础上，扣除欧盟免费排放额度和进口产品在生产国已付之碳价

在保留欧盟企业免费配额的同时，如果仍对进口产品的排放量全部征收CBAM，就会使前者获得双重保护。因此《草案》第31节规定，在进口商应缴的CBAM电子凭证数量中，应扣除欧盟同类产品企业获得的免费排放额度。这可以理解为税基调整。

同理，如果进口产品在其生产国已经承担了一定的排放成本，那么这部分成本也应当扣除。否则，进口产品承担的排放成本就会高于欧盟同类产品承担的排放成本，即出现"双重征税"问题。因此《草案》第9节规定，进口商在应缴的CBAM电子凭证数量中，可扣减进口产品在其生产国已实际支付的碳价。这可以理解为税额抵扣。

要点9：出口企业可一次性核算自己产品的排放强度

《草案》第10节规定，第三国厂商可申请在欧盟委员会的统一数据库中注册（区别于进口商在各国注册），注册有效期为5年。注册厂商可核算自己产品的实际排放强度，再由第三方核查确认。其意义在于，当进口商就已注册厂商生产的产品进行申报时，如直接使用后者提供的产品排放强度，申报的排放量就不需要再经过一遍核查，这可以为进口商节省大量精力和费用。

要点10：计算产品排放强度的方法

《草案》附件3按照"简单产品"和"复杂产品"给出了两个排放强度计算公式。笔者的粗浅理解是，两者分别对应一步工序生产的产品和多步工序生产的产品。"简单产品"的排放强度等于一步工序应摊的直接排放量除以产品产量。"复杂产品"的排放强度等于各步工序的直接排放量之和除以产品产量。在计算"复杂产品"的排放强度时，虽然计入因生产上游投入物而产生的排放，但只限于系统边界内。换

言之，如果企业外购原料，那么生产这些外购原料时产生的排放不被计入，因为那些排放发生在系统边界之外。

五、行政与执法

要点11：执行权下放到欧盟成员国层面

与6月份的"流出稿"不同，《草案》并不在欧盟内部设立专门的CBAM行政机构，而是将执行权下放到成员国层面。由各国的CBAM主管机关负责进口商注册，信息登记，排放量的申报与核查，CBAM电子凭证的缴纳、回购和清零。欧盟委员会则以中央管理者的身份建立独立的CBAM交易日志，当监测到异常交易状况时通知成员国的CBAM主管机关。

要点12：有防范"偷逃税"的程序性措施

保证金：在进口商注册并取得进口资质的环节，对于新设立或有违法记录的公司，CBAM主管机关可要求其提交保证金，以确保其履行支付义务。

申报前核查：进口商申报的排放量和生产厂商核算的自己产品的排放量，都必须经过欧盟认证的独立核查机构的实地核查。

申报后审查：在申报完成后，进口商还应将相关记录保留4年（不包括申报当年）。在此期间，CBAM主管机关可对进口商申报的排放量进行审查，必要时可进行实地核查。

惩罚措施：如果进口商未按期足额缴纳CBAM电子凭证，将被处以每吨二氧化碳100欧元的罚款（与欧盟排放交易体系的罚则相同）并补足未交的电子凭证。

要点13：反规避措施——扩大CBAM产品范围

根据《草案》第27节，规避行为是指除以逃避CBAM为目的之外，无其他充分经济动机的改变贸易模式的行为，包括轻微改动产品以使其超出CBAM产品范围。如果发现某一CBAM管控产品的进口量连续两个月大幅下降，而同时该产品的轻微改动产品进口量大幅上升，则欧委会可以将前述轻微改动产品纳入CBAM产品范围。

六、技术细节之外

（一）"碳关税同盟"的动向

2020年8月27日，第七次金砖国家环境部长会议审议通过了《第七次金砖国家环境部长会议联合声明》[①]。对于碳边境调节措施，金砖国家继续表示反对，称之为"歧视性的单边贸易壁垒"。

需要注意的是，碳关税未必一定会以单边措施的形式出现，不排除出现诸边协同措施的可能性。现在有一种动向是，倡议发达国家联手建立"碳关税同盟"（Carbon Customs Union）。其设想是先从钢铁行业入手，在欧、美之间达成"碳关税同盟"（加拿大和日本很可能加入）。对于同盟内成员的钢铁产品互相免征碳关税，而对同盟外的钢铁产品进口征收至少25%的碳关税。

碳关税同盟的倡议者认为，由多国联手采取的碳关税措施，虽然仍然对同盟外成员具有歧视性，但相较于单边措施，在WTO遇到的阻力会更小。倡议者还举例说，正如关于消耗臭氧层物质的《蒙特利尔议定书》，虽然其贸易措施实际上违反了关贸总协定和WTO的非歧视性原则，但仍然获得了成功。

钢铁行业是最有可能形成"碳关税同盟"的土壤。首先，欧美国家的钢铁行业使用电炉的比例高，有排放优势，不会反对将自身的排

[①] https://static.pib.gov.in/WriteReadData/specificdocs/documents/2021/aug/doc202182731.pdf.

放优势转化为竞争优势。在这个行业，欧美很有可能互相认可排放水平和碳成本。其次，欧美之间的钢铁贸易（尤其是美国的钢铁下游行业）本来就受到25%的232钢铝关税影响，双方有达成和解"一致对外"的动力。在2020年11月底之前，欧美将会在"232钢铝关税"一事上达成和解。从美国商务部部长的表态看，美国不会取消对国内钢铁行业的保护性关税，同时矛头直指中国钢铁"产能过剩"和"倾销"。所以不排除欧美达成默契，将无差别打击的"232钢铝关税"替换为以碳为借口的、有针对性的关税措施。

"碳的关税同盟"倡议者的策略是，欧美联手先在钢铁行业共同推动碳关税，同时拉加拿大、日本、英国等国"入群"，再向水泥、化肥等其他高碳行业扩展。

笔者认为，未来可能会出现以气候措施为衡量标准，针对具体产业的优惠贸易协定（Preferential Trade Agreement，PTA）。参与PTA的各成员国组成一个"绿色俱乐部"，对非成员国的产品采取一致的气候贸易措施。随着俱乐部逐渐扩大并形成气候，其气候贸易措施就会反过来影响多边谈判。所以，除了要关注单边的气候贸易措施（如欧盟正在酝酿的碳边境调节措施）外，我们还要特别关注双边或诸边协同采取气候贸易措施。

（二）WTO规则与碳关税

最近常看到学者们专注于分析CBAM在WTO框架下的合法性。笔者认为，这种研讨的实际意义很大程度上取决于拟采取碳边境措施的国家是否将WTO合规作为第一优先考虑。

首先应明确，在现行WTO规则下，CBAM的合规性的确有很大问题，很难理直气壮地说它完全不违规。这不是一个立场问题。即使是那些倡导碳边境措施的学者也承认，这类措施不论如何设计，因其本身带有限制贸易的属性，所以必定会与一些WTO的基本原则相左。

但是，对于将WTO合规作为气候贸易措施的前置必要条件，一直有质疑的声音。WTO的基本规则成形于半个多世纪以前，并未预见到人类目前面临的紧迫的气候危机。WTO规则在起草时并未考虑到气候变化问题和相关政策。可以预见，如果CBAM被诉至WTO，法官将会面临棘手难题——如何用旧规则裁判新问题？

针对气候变化这个新的重大问题，早晚要订立新的相关贸易规则。在WTO，这就意味着各国达成共识。考虑到当今世界的力量格局变化，以及WTO多边谈判的特点和过去表现，谁也不知道这个共识什么时候能够达成。

如果在WTO没有突破性进展，那么不论我们是否乐于见到，气候变化时代的贸易规则将大概率在WTO之外产生。如前所述，一种可能的路径是，在减排方面具备竞争优势的国家联手组成"碳的关税同盟"（Carbon Customs Union）。只要有几个国家不再把"WTO框架下的合法性"作为第一考量，这个关税同盟就可能形成。这个同盟一旦形成，"WTO框架下的合法性"就成了一道马奇诺防线。从这个同盟中，将生长出未来的贸易规则，而WTO将变得更加无关紧要（irrelevant）。

七、结束语

从欧盟实施一揽子气候措施的决心和力度来看，CBAM大概率会最终落地。从2023年开始，对欧出口企业就必须按照欧盟规定的算法，计算产品碳含量并定期报告。对企业来说，算法是关键。笔者一直在深入研究并且密切关注欧盟的算法规则（MRV），以及欧盟算法与中国算法的差异。

碳边境措施不是凭空而来的，它背后是一个无法回避的现实问题，即任何国家执行严格的减排措施都要付出竞争力下降的代价。这个问题既适用于欧美发达国家，也同样适用于中国。强调"CBAM在WTO框架下的合法性"可能会为我们赢得时间，但并不能使我们免于面对这个问题。我们身处剧变的时代，政府、企业和个人都需要对未来进行预判。有两个问题值得思考：在未来10年、20年里，气候变化与碳中和是否会成为世界经济与贸易的一条主线？在寻求气候及相关贸易问题的解决方案的过程中，WTO将起什么样的作用？这两个问题关系到未来游戏规则的出处。

附录 1　中国碳中和 50 人论坛成员名录

论坛主席团：

杜祥琬（论坛主席）	中国工程院院士 国家气候变化专家委员会名誉主任 应用核物理、强激光技术和能源战略专家 中国工程院原副院长 国家能源咨询专家委员会副主任 中国工程物理研究院研究员 博士生导师
白重恩（论坛联席主席）	清华大学经济管理学院院长 清华大学经济管理学院弗里曼讲席教授 美国加州大学圣地亚哥校区数学博士 哈佛大学经济学博士
傅成玉（论坛联席主席）	高级经济师 中国石油化工集团公司原董事长、党组书记
干　勇（论坛联席主席）	国家新材料产业发展专家咨询委员会主任 中国工程院院士 中国工程院原副院长 中国科协先进材料学会联合体主席
贾　康（论坛联席主席）	华夏新供给经济学研究院院长 财政部原财政科学研究所所长
金　涌（论坛联席主席）	中国工程院院士 清华大学化学工程系教授
井贤栋（论坛联席主席）	蚂蚁集团执行董事长兼CEO

刘燕华（论坛联席主席）	国家气候变化专家委员会主任 科技部原副部长、党组成员
石定寰（论坛联席主席）	原国务院参事 中国可再生能源学会第七、第八届理事长 世界绿色设计组织主席
王金南（论坛联席主席）	中国工程院院士 生态环境部环境规划院院长 国家气候变化专家委员会委员 中国环境科学学会副理事长
张　波（论坛联席主席）	山东魏桥创业集团有限公司董事长
章新胜（论坛联席主席）	世界自然保护联盟IUCN总裁兼理事会主席 教育部原副部长

论坛成员：

陈昌盛	国务院发展研究中心宏观经济研究部部长
蔡敏男	光大控股副总裁 光大一带一路绿色基金董事长
丁立国	德龙集团董事长 新天钢集团董事长
杜少中	中华环保联合会副主席 中国传媒大学媒介与公共事务研究院资深实践教授
胡　涛	湖石可持续发展研究院（LISD）院长 环境保护部政策研究中心学术委员会原主任
李怒云	中国绿色碳汇基金会执行副理事长兼秘书长 国家林业局气候办原常务副主任
李瑞农	中国环境报社社长
李　山	全国政协委员 瑞士信贷集团董事
李振国	隆基股份总裁

刘 健	联合国环境规划署科学司司长
刘小奇	国家能源集团国华能源投资有限公司 氢能科技公司党委书记、董事长
刘明辉	中国燃气集团董事长
马 军	公众环境研究中心主任 生态环境部特邀观察员
马 军	沃尔沃（中国）总裁
马 骏	中国金融学会绿色金融专业委员会主任 北京绿色金融与可持续发展研究院院长 G20可持续金融研究小组共同主席
毛基业	中国人民大学商学院院长
毛增余	中国经济出版社总经理总编辑 中国石化出版社总经理总编辑 《国资报告》杂志社社长
潘家华	中国社会科学院学部委员 北京工业大学生态文明研究院院长
彭文生	中金公司首席经济学家 中金研究院执行院长
钱小军	清华大学绿色经济与可持续发展研究中心主任 清华大学苏世民书院副院长
秦大河	中国科学院学术委员会主任 中国科学院院士 国家气象局原局长
田 明	房地产行业绿色供应链推进委员会主任 中国城市科学研究会绿色建筑与绿色金融专业学组主任 朗诗控股集团董事长
唐丁丁	原环境保护部国际合作司司长 亚洲基础设施投资银行高级环境顾问
童书盟	华软资本集团合伙人 阿拉善SEE第六届副会长

夏　青	中国环境科学研究院原副院长兼总工程师
徐　林	中美绿色基金董事长
姚余栋	大成基金副总经理兼首席经济学家 人民银行金融研究所原所长
于贵瑞	中国科学院院士 中国科学院特聘研究员 中国科学院大学资源与环境学院生态学系主任
袁　桅	清华大学教育基金会秘书长
曾少军	全国工商联新能源商会专业副会长兼秘书长 中国新能源产业研究院执行院长
张国祥	瀚华金融集团董事长 富民银行董事长
张　偲	中国工程院院士 中科院南海所研究员 南方海洋科学与工程广东省实验室主任
赵　平	中国煤炭地质总局党委书记、局长
周大地	国家发改委能源所原所长 国家气候变化专家委员会委员
周立红	欧盟中国商会创会会长 中国银行卢森堡有限公司原董事长
朱共山	协鑫集团董事局主席、执行董事兼首席执行官

论坛特邀研究员：

曹　静	清华大学经济系副教授
陈　彬	自然资源部第三海洋研究所研究员、副所长
陈　懿	广西大学中国东盟金融合作学院常务副院长
蔡恒进	武汉大学计算机学院教授 中国工业与应用数学学会区块链专委会委员

邓茂芝	中碳投资产公司董事长 零碳未来研究院院长
杜永波	华兴资本集团董事总经理
冯俏彬	国务院发展研究中心宏观经济研究部副部长
冯士芬	中国科学院研究生院教授 中科院等离子体所原所长助理
高尔基	财新智库执行总裁
郝义国	格罗夫氢能汽车有限公司创始人、董事长
何　刚	《财经》杂志主编
何继江	清华大学社科学院能源转型与社会发展研究中心常务副主任
胡山鹰	清华大学化学工程系生态工业研究中心主任 中国生态经济学会工业生态经济与技术专业委员会副主任委员
胡月东	中国环境科学研究院环境工程原负责人 ISO管理体系认证中心技委会原主任
黄剑辉	中国民生银行研究院院长 华夏新供给经济学研究院首席经济学家
靳国良	国家发展改革委国际合作中心碳中和课题组组长 中交所（北京）科技公司总裁
李纪珍	清华大学经济管理学院副院长、教授
李振华	蚂蚁集团研究院院长
李　菁	安永大中华区金融服务/气候变化与可持续发展合伙人
郦金梁	清华大学国际合作与交流处处长 清华大学产业创新与金融研究院院长
刘青松	中证金融研究院原院长
刘兴华	同济大学特聘教授 中国科学院中国经济政策研究中心主任
吕学都	亚洲开发银行气候变化首席专家
梅德文	北京绿色交易所总经理

毛　涛	工业和信息化部国际经济技术合作中心能源资源环境研究所所长 应用经济学博士后
齐　晔	清华大学公管学院教授 香港科技大学公管研究院院长
唐人虎	北京中创碳投科技有限公司总经理 国家发改委CCER项目及CDM项目审核理事会专家
王广宇	华夏新供给经济学研究院理事长 华软资本集团董事长
王　伟	国际金融论坛副秘书长
吴宏杰	中国产业发展研究院副秘书长、碳中和技术中心主任
吴必轩	海华永泰（北京）律师事务所高级合伙人 中国世贸研究会贸易救济专业委员会常务委员
新　望	中制智库理事长兼研究院院长
姚　铃	商务部研究院欧洲研究所所长
俞振华	中关村储能产业技术联盟常务副理事长
朱　磊	北京航空航天大学经管学院教授、应用经济系系主任
张建宇	"一带一路"绿色发展国际研究院执行院长
张　蕾	中国林业产业联合会副会长 国家林业局农村林业改革发展司原司长
郑大勇	清华大学海峡研究院新能源发展研究中心主任
赵英朋	清华大学创新领军工程博士

论坛秘书处：

王稚晟	秘书长
张　立	秘书长
许　磊	副秘书长
周　平	助理秘书长

附录2 《中国碳中和50人论坛文集》图书简介

  "中国碳中和50人论坛"是由清华大学全球共同发展研究院、华夏新供给经济学研究院、生态环境部环境规划院、北京华软科技发展基金会共同发起成立的学术交流和产融实践平台，清华大学经济管理学院为学术指导单位。论坛由中国生态环保界、经济金融界、实业科技界具有影响力和前瞻性的成员组成。

  论坛成立是为了推动中国全面绿色转型计划、实现"碳达峰、碳中和"战略目标，凝聚社会力量，充分发挥社会各界的优势资源，统筹协调，推进制度设计，合力促进产业行动。

  论坛致力于通过融汇各界智慧与最佳实践，提出有利于自然生态和经济社会和谐发展的解决方案。同时，论坛旨在集合各界专业资源，深入研究有关"碳达峰、碳中和"制度机制、战略规划、碳排放源头控制以及相关重大科技专项等事项，探索碳达峰后经济社会深度脱碳路径，为政府部门决策、企业机构发展提供学术参考和智力支持。

  本书是"中国碳中和50人论坛"的首部文集，集结论坛成员及其特邀研究员的研究成果。本书共分五部分，第一部分为热点与专题，包括由媒体就有关碳经济热点话题采访论坛部分成员而成的对话或报道，第二部分至第四部分的主题分别为政策与建议、行业与案例和学术与观点，包括由论坛成员和其特邀研究员撰写的有关论文，第五部分为论坛成员名录及论坛图书简介。